气度决定格局

王辉 著

台海出版社

前言

每当回望历史，我们都不禁要深思：同样是母亲十月怀胎所生、食人间烟火长大的人，为什么有的人功成名就，有的人却一生平庸？为什么平民出身、势单力薄的刘邦，却打败了贵族出身、实力强大的项羽？再看当今经济飞速发展的中国，为什么很多人盆满钵满、春风得意，又有那么多人囊中羞涩、浮躁焦急？为什么马云能创造奇迹，史玉柱能绝处逢生，双汇却损失巨大，三鹿则黯然消失了呢？为什么同样的国度，同样的机遇，同样的历史时期，哪怕是同学、朋友、兄弟、姐妹，其人生轨迹与结果却是那么的千差万别，甚至大相径庭呢？

这里边的原因肯定众说纷纭，莫衷一是。但是如果能够站到一个更高的高度上，我们就会发现这样一个规律——正是因为人生气度的大小，格局的大小，所以才导致了人生轨迹与结局的不同。这足见格局在人生事业中的决定性作用，怎能不引起我们的高度重视呢？

一个人的气度其实是一种胸襟和风度，也是人生的一种境界。气度决定了事业发展的高度，气度越恢宏，人生格局就会越大，在事业上就会不断提升；气度是一种从容的心态，是内心的胜利。一个心胸开阔的人，一个有大格局的人，能忍人所不忍，容人所不容；在顺境时保持清醒，在逆境中保持沉稳，所以能取得人生和事业的成功。

正是在这样一种研究和认知的基础上，我们进一步分析得出人生成功的必须条件：气度决定高度——高度决定视野——视野决定格局。环环相扣的结构中，增之则嫌多余，减之则显不足。

是的，要做大事业，就必须有大的气度和格局。一个小家子气十足的人，又何谈成就大事业呢?

有大格局才有大胸怀。马云说：“如果心胸不似海，你又怎能有海一样的事业？”战胜对手的最好策略，不是削弱对手，而是让自己变得更强。

所谓格局，就是一个人的眼光、胸襟、胆识等心理素质的内在布局。人生犹如建高塔，要想建得高，底盘就得大，格局就要宽。如果说高高的塔尖是你自己，那底盘就是你的格局！格局的大小，决定着心胸的宽窄；只有心胸开阔，才能在人生舞台上绽放多彩的自己。将自己的格局放大，人生之路必然会与众不同。

于丹老师曾有这样一句至理名言：“成长的关键在于给自己建立生命格局。”一个人的未来如何，取决于他的格局大小。如果将人生看作是一盘棋，那么人生结局的好坏则完全取决于这盘棋的格局：要想出奇制胜，关键就要掌握好棋局。

目录

第一章　宽容——宽大的胸怀，有包容四海之力

第二章　淡定——面对选择，看淡得失

第三章　胸怀——成功者的胸怀都是委屈撑大的

第四章　勇气——敢于突破心里那道墙

第五章　品格——好的品格可以征服世界

第六章　学习——未来正来，与时俱进

第七章　境界——境界的高低决定成就的大小

第八章　眼界——视野越开阔，走得越远

第一章

宽容——宽大的胸怀，有包容四海之力

很多时候，宽容比苛责更奏效

我国有句古话，叫作“将军额上能跑马，宰相肚里能撑船”，是说宽容的人气度和格局都是常人无法相比的。

古时候有个宰相，一天，他请来一位理发师给自己理发。

理发师给他理好发后，就给他修面。面修了一半，理发师忽然停下手中的剃刀，两只眼睛一直注视着宰相的肚皮。

宰相就问道：“你不好好的修面，却在看我的肚皮，这是何道理呢？”

理发师听了宰相的问话，说：“人家都说‘宰相肚里能撑船’，我看大人的肚皮并不大，如何可以撑船呢？”

宰相听了哈哈大笑说：“所谓‘宰相肚里能撑船’，是说宰相气量大，对各种小事都有容忍之心，遇事不计较个人得失，不是说肚皮大。”

理发师听了，慌忙跪在地上，口中连连说：“小人该死，小人该死。”

宰相忙问：“什么事？”

理发师说：“小人该死。在修面的时候，小人不小心，将大人左面的眉毛剃掉了，请大人千万恕罪。”

宰相一听，十分气愤。他想，剃去了一道眉毛，如何去见皇上，又如何会客呢？正想发怒，但又一想，自己刚才讲过，宰相的气量大，对这些小事不计较，现在为了一道眉毛，又怎么能治理发师的罪呢？

想到这里，宰相只好说道："去拿一枝笔来，将剃去的眉毛给我画上。"理发师就按宰相的吩咐，给宰相画上了一道眉毛。

说到气度和格局，就不得不提到齐桓公和管仲的故事。

齐僖公三十三年（公元前 698 年），齐僖公驾崩，齐僖公有三个儿子，分别是太子诸儿、公子纠和小白。齐僖公死后，太子诸儿即位，是为齐襄公，管仲预感到齐国将会发生大乱。当时，管仲和鲍叔牙分别辅佐公子纠和公子小白。公子纠的母亲是鲁君的女儿，因此管仲和召忽就保护公子纠逃到鲁国去躲避。

齐襄公十二年（公元前 686 年），齐国内乱，两个逃亡在外的公子，一见时机成熟，都急于回国，以夺取国君的宝座。鲁庄公知道情况后，万分焦急，立即派兵护送公子纠回国。回国的路上发现公子小白也准备回国，于是管仲决定亲率 30 乘骑兵去截击公子小白。途中正遇见公子小白的大队车马，管仲操起弓箭对准公子小白，一箭射去，公子小白应声倒下。管仲见公子小白已被射死，就率领人马返回。其实公子小白没有死，管仲一箭射中他的铜制衣带勾，公子小白急中生智，咬破舌尖倒在地上装死。经此一惊，公子小白与鲍叔牙更加警惕，飞速向齐国挺进，并顺利地登上君位，他就是历史上有名的齐桓公。

齐桓公即位后，急需找到有才干的人来辅佐，准备请鲍叔牙出任齐相。但鲍叔牙称自己的才能不如管仲，若要使齐国称霸，必要任管仲为相。不过当时管仲和公子纠逃亡鲁国，如何才能顺利接管仲回齐国呢？

齐桓公遣书给鲁庄公，叫鲁国杀公子纠，交出管仲和召忽，否则将派军全面进攻鲁国。鲁庄公与大夫施伯商量对策，施伯认为管仲的才干世间少有，齐桓公要管仲不是为了报一箭之仇，而是为了重用他。假如管仲被齐国重用，那必将是鲁国的大患，因此施伯主张杀死管仲，将尸首交给齐国。但鲍叔牙用计称齐桓公恨管仲入骨，一定要生杀管仲。最后鲁庄公在齐国的压力下，杀死公子纠，并将管仲和召忽擒住交给了齐国。

管仲知道这是鲍叔牙的计谋，于是让押运官快马加鞭赶路，终于平安到达齐国。而齐桓公也采纳了鲍叔牙的建议，选择黄道吉日，以隆重的礼节亲自迎接管仲，以此来表示对管仲的重视和信任。齐桓公迎到管仲后，一连聊了三天三夜，句句投机，之后便斋戒三日，拜管仲为相，并称管仲为“仲父”。齐桓公贤达大度的美誉传遍天下，管仲也辅佐齐桓公成为一代霸主。

很多时候，既然能够放别人一马，何不就选择大度地宽容别人呢？与其冤冤相报，不如坦然原谅别人的过失，让双方都能驱散痛恨与不快的阴霾。

三国时期，诸葛亮去世后，蜀国任用蒋琬主持朝政。他的属下有个叫杨戏的，性格孤僻，讷于言语。蒋琬与他说话，他也是只应不答。有人实在看不下去了，就在蒋琬面前嘀咕说：“杨戏这人对您如此怠慢，太不像话了！”蒋琬坦然一笑，说：“人嘛，都有各自的脾气秉性。让杨戏如果当面说赞扬我的话，那可不是他的本性；而让他当着众人的面说我的不是，他会觉得我下不来台。所以，他只好不做声了。其实，这正是他为人的可贵之处。”后来，有人称赞蒋琬的肚量大。

宽容是作为一位领导者必须要有的胸襟和气度，忍别人所不能忍，容别人所不能容，只有这样的领导者，才能够广揽群才，招贤纳士；只有这样的领导者，天下群英才会愿意归附；只有这样的领导者，别人才会为之赴汤蹈火，全力以赴；也只有这样的领导者，才能够实现自己的远大抱负，建立起顶天立地的事业，完成自己的宏图大业！

能够以德报怨的人，心志坚强

邻里相处的重要一条就是要有宽容心，古人都能做到“让一让，三尺巷”，如今的我们更应懂得凡事要以和为贵，且不可“得理不饶人，无理搅三分”。能够宽容谅解别人的过错是一种美德。因为邻居间家庭环境、性格脾气、社会阅历、文化素养都有着很大的区别，对其显露的缺点或不当之处应加以宽容和谦让，只有这样邻里之间才能和睦相处。

古时候有个叫陈嚣的人，与一个叫纪伯的人做邻居。有一天纪伯趁着夜黑之际偷偷地把陈嚣家的篱笆拔起来，往后挪了一挪。这事被陈嚣觉察后，他想，你这么做的目的是想扩大自己的地盘，我尊重你的愿望，满足你的需要，于是等纪伯回家后， 陈嚣主动又将篱笆往后挪了一丈，给纪伯让出了更大一块地盘。天亮之后，纪伯发现自家的地盘宽出了很多，知道是陈嚣在故意让着自己，顿时羞愧难当，不仅把侵占的地还给陈家，还主动向后退让一丈。当地的周太守知晓这件事后，非常赞赏陈嚣的行为和这行为带来的效果，抓住这个典型大力宣传，还命人立碑表彰，并将这个村子改名“义里”。

通过上面的这个小故事，我们可以看出，忍让常常能带来互让；互让，就是一种互相尊重。互相尊重是保持邻里、社会生存环境安宁、和谐的心理条件，是一种精神文明。假如陈嚣发现纪伯夜拔篱笆占地的行为后，不依不饶，那么结果可能就不是这样了！

遇事能忍让可以消除烦恼，大事化小，小事化了，而且又可能感动对方，出现一些意想不到的好效果。人心都是肉长的，人心也都是可以捂热的，你的忍让，不但可以免除一场纷争，同时还可能换来对方的义举，最终事情就可以得到更圆满的解决。

曾官拜宋朝尚书的杨玢，年纪大了便告老还乡，安享着悠闲惬意的田园生活。他家住宅宽敞、舒适，家族人丁兴旺。有一天，他在书桌旁，正读着《庄子》，他的几个侄子跑进来，气急败坏地说："不好了，我们家的旧宅被邻居侵占了一大半，这种事绝不能姑息！"

杨玢听后，问："不必惊慌失措，慢慢说，他们家侵占了我们家的旧宅地？"

"是的。"侄子们回答。

杨玢又问："他们家的宅子大还是我们家的宅子大？"

侄子们不知其意，说："肯定是我们家的宅子大了。"

杨玢又问："他们占些旧宅地，对我们有什么影响吗？"

侄子们说："没有什么大影响，虽无影响，但他们实在是太不讲理了，就不应该轻易将他们放过！"

杨玢笑了笑，指着窗外的落叶，问他们："那树叶长在树上时，那枝条是属于它的，秋天树叶枯黄了落在地上，这时树叶又做何感想呢？"侄子们不明白含义。杨玢干脆说："我年岁已高，总有一天要离开人世，你们也有老的一天，也有要死的一天。争那一点点宅地对你们又有何用处呢？”

侄子们终于明白了杨玢讲的道理，将之前写好的供状呈给杨玢，杨玢看后，拿起笔在状子上写了四句话：“四邻侵我我从伊，毕竟须思未有时。试上含元殿基望，秋风秋草正离离。”

这四句诗的意思是讲：四周的邻居侵占我们的房基地，侵占了就让他们侵占去；我们都该想一想：权力财物这一切东西，都是生带不来，死带不去；试看当年壮丽的含元殿，现已只剩下废弃的地基；那里大片的荒草，正在秋风中悲凄！

侄子们读了杨玢写的这几句诗后，再也不提告状、索要被占土地的事了。

利益的冲突是生活中矛盾产生的根源。当我们和别人发生利益冲突的时候，化解矛盾最好的方法就是多为对方想一想，相互之间都做出让步。当我们以德相让、互相礼让的时候，那些可能发生的冲突就会烟消云散，大家也就很乐意跟你合作，事业发展的机会也就会变得更多。

我们生活的现实社会日新月异、变化无穷，面临的竞争也日益激烈，但我们切不可忘记、也不要忽视“礼让”。人生之所以会充斥很多烦恼，皆因遇事不肯让他人一步，其实，这是很愚蠢的做法。

包容他人，做一个大度的君子

一颗不能承受伤害的心灵是脆弱而难以生存的，一颗不能谅解伤害并宽容自己的心灵是狂暴而可怕的。妒恨不仅伤害别人也折磨自己，宽容是对别人的释怀，也是对自己的善待。只有学会放弃仇恨，常用宽容的眼光看待世界、事业、家庭和友谊，才能获得心灵的宁静和永远的幸福！

宽容是一股清泉，将甘甜注入心田；宽容是沙漠中的一片绿洲，给人的生命带来生机；宽容是春天的微风，给人带来复活的气息；宽容是黑暗中的光明，给人带来新的希望；宽容是雨后的阳光，扫除人心中的阴影；宽容还是一种好心情，能感染你、我、他……宽容是一种美德，我们应学会宽容，豁达待人。

莎士比亚的戏剧《威尼斯商人》中有句台词：“宽容就像天上的细雨，滋润着大地，它赐福于宽容的人，也赐福于被宽容的人。我们应学会对别人宽容。”

孔子的“己所不欲，勿施于人”就是这个道理。能否体谅他人的处境，能否尊重他人的意愿，关系到与人合作的效果。在合作过程中，自己不情愿做的、不接受的事，就不要推给他人要他人去做。在与人相处中，与他人产生了矛盾，应主动地站到对方的角度上想问题，体谅对方的情感，以便在理解对方的同时，寻找解决问题的最佳方法，正所谓“忍一时风平浪静，退一步海阔天空”。

在交往中，难免有一些磕磕绊绊，如果我们与人斤斤计较，耿耿于怀，不仅会给自己带来心理上的压力，还会使我们和同学、朋友的关系渐渐疏远。既然事情已经发生，不妨置之一笑，以豁达的胸怀原谅别人。也就是说，别人一时无意或者过失伤害了自己，应不予计较和追究。

不要因为一些芝麻大点儿的事而斤斤计较，学会宽容别人，把宽容的阳光慷慨地施予别人，既鼓舞了他人的心，又愉悦了自己，何乐而不为呢？

春秋战国时，楚国的楚庄王很是英明，在他的治理之下楚国十分富强。有一天他摆宴请百官饮酒，从中午一直喝到掌灯，大家都有些醉了。这时楚庄王叫出了自己最心爱的王妃给大家敬酒。这位王妃长得花容月貌，十分漂亮，把百官的眼睛都看直了。就在王妃下去敬酒的时候忽然一阵风把灯吹灭了，大殿上一片漆黑。这时王妃回到楚庄王身边告诉楚庄王：“大王，刚才我下去敬酒时有人在黑暗中拉住了我的袖子调戏我，我顺手扯下了他的帽缨，请大王为我做主。”调戏王妃可是欺君之罪，大家都认为楚庄王会点灯治这个人的罪。谁知楚庄王却说：“先别掌灯，今天大家这么高兴，请众位爱卿都把帽缨摘下来我们喝个痛快。”这件事就这么不了了之了。

回到后宫后，王妃不高兴地说普通人都会保护自己的妻子，责怪国王不为她做主，楚庄王微笑着对王妃说：“你这就不知道了，人喝醉了酒难免失去理智，而今天是我请客让大家喝醉了。要怪也要怪我。相信那个人清醒时一定不敢这样做。”

后来楚国跟齐国发生了战争，楚国的军队一路过关斩将很快包围了齐国的都城。楚庄王没想到仗会打得这么顺利，兴高采烈地上前线犒军。统军元帅说仗打得顺利不是因为自己指挥有方，而是先锋官唐狡将军浴血奋战的结果。原来战争一打响，唐狡将军就仅带了一个百人的敢死队冲锋陷阵，攻必克战必胜，拼命血战在前，元帅只不过带兵在后接应而已。楚庄王感叹："我军居然有如此勇将，快请他来见我，我要好好奖赏他。"唐狡将军接到将令从前线回来。他满身鲜血，红得像个血人一样。一见楚庄王，唐狡赶忙下马跪伏在地高声道："戴罪之人前来向大王请罪。"楚庄王十分纳闷："你立了大功，我正要奖赏你，何罪之有呢？"唐狡回答道："大王有所不知，绝缨宴上扯美人袖的就是我呀。大王当日免死之恩，小人万死也难以报答，请大王治罪。"楚庄王哈哈大笑："原来如此，这些小事寡人早已忘记了。"通过这场战争的胜利，楚庄王威震天下，终于开创了一代霸业，成为春秋五霸之一。如果楚庄王当年不宽恕唐狡一时的过失，怎么能换来唐狡的以死相报呀！这就是宽容的回报。

宽容是深藏爱心的体谅，并非仅仅是原谅。宽容是一种高贵的行为，更是一种智慧和力量的体现。让自己的心态变得宽容，世界会变得更加美好。

宽容待人，是成功者的风度。这种风度是发自灵魂深处的内在修养，是一种良好心态的表露。只有真正放开胸襟，宽容待人，才能取得成功。人非圣贤，要去爱自己的敌人也许真的有点强人所难，但出于自身的健康与幸福考虑，学会放弃报复，宽恕敌人，甚至忘却仇恨，也不失为一种明智之举。人孰无过？过分执着于他人过去的错误，就会形成思想包袱，对过去的事耿耿于怀，这样限制了自己的思维，对别人也是一种阻碍。人生难免遇上沟沟坎坎，有时候，对一件特别小的事情如果不能释怀，可能就会因此戴上痛苦的紧箍咒，影响一生。宽容别人，其实就是宽容自己。

很多时候，我们需要别人宽容，也要宽容别人，一味争抢只能使自己陷入孤立。朋友之间的争论是常有的，一个真正豁达大度的人，不应该因为别人和自己争论问题而对别人耿耿于怀，更不应该因为别人驳倒了自己的意见而恼羞成怒。远离狭隘，你便找到了生活中的快乐；学会宽容，你就等于又开启了一道通向财富之路的大门。生气是拿别人的错误惩罚自己，而宽容则是自我释放的一种方式。

宽容是一种处世哲学，也是人的一种较高的思想境界。学会宽容别人，也就懂得了宽容自己。

宽容是一种人生智慧，唯宽可以容人，唯厚可以载物。宽容是一种可贵的胸怀，宽容别人，就是在解脱自己。

成大事者，要有包容四海的肚量

曹操在著名的《短歌行》中有句千古流传的佳句：

月明星稀，乌鹊南飞，绕树三匝，何枝可依？
山不厌高，海不厌深，周公吐哺，天下归心。

在曹操的另一首《观沧海》中也有一句歌以咏志的名句：

日月之行，若出其中；
星汉灿烂，若出其里。

从这两首诗中看，一代枭雄曹操似乎是个雄才大略，能够广容贤才、兼济天下的人物，然而，纵使他再有才华与肚量，也还是犯了让后人难以理解的错误——嫉贤妒能。

相传东汉末年，杨彪的儿子杨修，是个文学家，他自幼才思敏捷，灵巧机智，后来成为曹操的谋士，官居主簿，替曹操典领文书，办理事务。

有一次，曹操造了一所后花园。落成时，曹操亲自前去观看，在园中转了一圈，临走时什么话也没有说，只在园门上写了一个“活”字。工匠们不了解丞相的意思，就去请教杨修。杨修对工匠们说，门内添活字，就是一个“阔”字，丞相嫌你们把园门造得太宽大了。工匠们恍然大悟，于是重新建造园门，完工后再请曹操验收。曹操觉得园门改造得正合自己的意思，非常高兴，就问道：“是谁领会了我的意思？”左右回答说：“这都多亏杨主簿赐教！”曹操虽然表面上称好，但心底却非常嫉恨。

有句古话说得好，“海纳百川，有容乃大”，作为一个领导者，德才兼备固然重要，但更重要的是要有一颗包容之心，要有广容贤才之量。一个领导者的心胸决定着他所用人才的质量，越是英明的领导者，越懂得广容贤才，他的事业根基也就越稳固，而越是以自我为中心的领导，就越容不下比自己有能力的属下，长此以往，基础再稳固的事业也将毁于一旦。

刘邦个人的能力不强，但他能够重用张良、韩信、萧何这样的一流人才，尽管这些人才也各有各的缺点，但刘邦懂得用宽广的胸怀去包容他们，从而最终建立了汉朝，由一个小亭长变成了开国皇帝。

刘邦的对手项羽，个人的能力大大超过刘邦，他“力拔山兮气盖世”，谙熟兵法、能征善战，但却容不下文武双全的韩信，听不进范增的良谋智言，最后却落得孤家寡人、兵败垓下、在四面楚歌中自刎于乌江的结局。

刘备虽然个人的能力一般，但他能够包容像关羽、张飞、诸葛亮、赵子龙等出类拔萃的人才，不以自己某些方面不如他们为耻，而是以自己能拥有像他们这样的好兄弟为荣。这使刘备军团事业兴旺，让刘备从一个卖草鞋的街头小贩做到了一国之君。

一个领导者的心胸有多宽广，就决定着他的事业有多大。领导者除了要善于识别人才、善于任用人才之外，还要懂得包容这些人才，尤其是要能包容和任用那些比自己更有能力的人，以及那些缺点和优点都很明显的“奇才”，甚至是那些曾经与自己产生过某些过节、矛盾或分歧的人。总之，作为领导者，要从大处着眼，高瞻远瞩，多考虑长远利益，不要只为了眼前的一点点得失过分计较。一个缺乏包容心的领导，要么嫉贤妒能，要么只偏好某一种人才，这就好比人总吃只含有一种或几种成分的东西就会造成严重的营养不良，从而影响身体健康一样。对于一个组织、一个企业来说，长此以往，就会造成这个组织或企业人才结构不合理或太过单一，从而影响组织或企业的持续、协调发展。

“睁只眼闭只眼”未必不英明

有一个在拳坛所向披靡、英勇无敌的拳师，他在拳坛的鼎鼎大名，使得任何拳手只要一听到他的名字都会胆战心惊。

有一次，拳师和朋友去参加晚会，在他们驱车回来的途中，由于道路前方出现了意外的情况，反应迅捷的拳师赶紧紧急刹车。然而，他们后面的那辆车由于跟得太近，两辆车还是没能避免地发生了轻微的碰撞。

不用说，这当然是后面那辆车的司机的过错，但拳师并没有下车和后面的司机为这点儿小事斤斤计较。拳师认为这不过是一个无伤大雅的小事故，既然彼此都没有什么太大的损失，就睁一只眼闭一只眼吧。可是，令他们都没有想到的是，后面的司机却怒气冲冲地跳下车朝着他们走来，破口大骂，并把责任推卸到拳师的身上，说拳师的驾驶技术有问题，并在拳师面前挥动着双拳跃跃欲试。

拳师不以为然，除了说几句道歉的话外，任他发着火。最后，那司机自讨没趣，骂得没脾气了，才钻进车里扬长而去。

朋友疑惑不解地问拳师：“那小子如此无理取闹，竟敢在你面前挥拳头，简直就是关公面前耍大刀，不自量力，你为什么不狠狠地揍他一顿，好好教训教训他？”

拳师微微一笑说：“如果有人侮辱了帕瓦罗蒂，帕瓦罗蒂是否也应为对方高歌一曲呢？”

人心都是争强好胜的，如果硬要争个子丑寅卯，胜负成败，那只会让事情弄得更加难以收拾。卡耐基说：“天下只有一种方法能得到辩论的最大利益，那就是避免争论！”如果争论，你或许有时会获得胜利，但那胜利是空洞的。你将得不到任何东西，只是在口头上占了上风而已，你不能改变别人的观点，也永远不能得到对方的好感，只会让彼此的矛盾越来越僵化，越来越难以解决。

有一名权威教授，在一次浏览期刊的时候，发现上面有一篇论文竟然是自己多年前的作品，里面的内容和自己写的一字不差，甚至连标点符号都一模一样，而作者的署名却是一个陌生的名字。这是一种严重的侵权现象！教授的学生也不禁为之愤愤不平，立即为教授联系相关出版社，很快就查到了那位冒牌作者的联系方式，然而，当电话接通后，教授拿起电话却这样说道：“喂——你好啊！是这样的，我看了你在某本杂志上所刊登的那篇获奖文章，非常有感触啊，没想到你这篇文章居然和我多年前写的那篇一模一样啊，真是够凑巧的啊！哈哈……”教授一边说着一边爽朗地笑，听得出对方在电话那边显得极度恐慌，并开始语无伦次地道歉，说为了工作的需要他也是无可奈何之类的话，教授并没有继续责怪他，而是很豁达地说：“算了，反正已经刊登出来了，这说明我的作品过了这么多年还是没有过时嘛，大家依然还认可啊，这篇论文就算是我送给你的，咱们也算是相识一场的朋友了嘛！”教授的几句话让对方一颗悬着的心终于放下了，他不禁对教授千恩万谢！

要知道，如果教授告发他的侵权行为的话，那人不仅要赔偿侵犯著作权的费用，甚至连自己的职位都要丢掉，而且以后在同事中的颜面何存啊！

两年后，教授要到南方做一次报告，正好就是那个人所在的城市。那人听说后，立即给教授打电话，邀请教授去他们家做客，还带着教授参观附近有名的旅游景点，两人一起探讨一些有关学术方面的知识，成了真正意义上的朋友。

凡事能“睁只眼闭只眼”过去的，就不要太较真了。遇事淡然一点，豁达一点，给自己留点余地，也为他人留点面子，不让别人难堪，也给自己方便，于己无害，于人有益的事情又何乐而不为呢？这样既避免把自己陷入尴尬的境地，所带来的好处也会让自己终身受益。

很多时候，小不忍则乱大谋，一点儿小小的矛盾如果处理不当，就会引发一系列的大问题。因此，很多时候，一个手握大权的人，要宽容别人的无礼、诬陷甚至背弃，才能保全大局，使自己成为众望所归的人。

东汉光武帝刘秀在大败王莽后，举兵攻入邯郸城，士兵在检点前朝公文时从中发现了大量讨好王莽、辱骂甚至谋划刺杀刘秀的公文。可刘秀对此视而不见，他力排众议，不听众臣劝阻，全部付之一炬。他说：“如果追查，必会引起这些人的慌乱，甚至会使他们成为我们的死敌。如果宽容他们，则能化敌为友，壮大自己的队伍。”这把火，烧掉了嫌隙，壮大了刘秀的力量，也巩固了他的事业根基。刘秀不计前嫌、化敌为友的宽容使他终成帝业，统一了全国，并成为千古流芳的一代英明帝王。

要宽容别人就不要凡事太过较真，睁一只眼闭一只眼，事情过去了就算了。为了自己的利益，每个人都有犯错误的时候，如果一味地把眼光盯在别人过去所犯的错误上，耿耿于怀，就会对别人造成沉重的思想压力，也会给自己带来不愉快的心情，甚至会对自己产生不利的影响。有时候，即使是面对背叛自己的人，也要抱以宽容的态度，能放别人一马就放别人一马，多拉拢一个敌人做朋友总会比多得罪一个仇人或者多与人结下仇怨好得多。能够容忍背叛自己的人的人，才是最有忍耐力、最坚强的人，这样的人将以坚强的心志在人生中取得最后的胜利。

宽恕别人是一种高尚的道德品行

宽恕别人是一种高尚的道德品行，是一种博大仁爱而又豁达的胸怀。我国古代的先哲非常崇尚这种德行，《尚书》中有“有容，德乃大”之说，《周易》中有“君子以厚德载物”之说，荀子主张“君子贤而能容罢（罢：软弱无能），知而能容愚，博而能容浅，粹而能容杂”，说的就是这种宽厚博爱的胸怀。

在我国东汉时期，有个饱读诗书的人，名叫陈实，由于他为人道德高尚，品行端正，所以口碑非常好，得到了乡邻们的爱戴和尊重。陈实不仅对自己要求严格，做到严于律己，而且对儿孙们的教育也毫不疏忽。他总是不失时机地抓住各种机会在适当的场合教育他们，而且他的方法得当，也总是能够收到预期的效果。

有一年赶上天灾，洪水泛滥，大片的田地和许多村庄都被洪水淹没，数以万计的人流离失所，无家可归，甚至乞讨街头。在这兵荒马乱的年头，盗贼四起，百姓们过得很不太平。

有一天夜里，陈实家里溜进来一个小偷，他还没来得及动手偷东西，就听见有人咳嗽的声音。小偷知道是有人来了，赶紧找地方躲藏起来，可是四下看看，却无处藏身。突然，他看见屋内的一根大梁柱，便急中生智，顺着柱子爬到大梁上。他伏下身子，大气都不敢出，生怕地面上的人发现他。

陈实手里提着灯笼从里屋走出来，本来是想拿点东西，却在抬头时不经意间瞥见梁上的一角衣襟。陈实马上意识到家里一定是进了贼了，但处事不惊的他并没有因此慌乱，也没有大惊小怪兴师动众地喊人来抓小偷，而是不慌不忙地把自己的儿孙们全都叫到外屋来，之后非常严肃地对着这些晚辈们说道："孩子们，你们要知道端正的品行是我们为人的根本，不论在什么情况下，你们都要做到无愧于心，不要做有损于他人的事情，更不能借任何借口而放纵自己、走上邪路。每一个坏人都并非从一出娘胎就是一个天生的坏人，而是因为不能严格要求自己造成的。一时的放纵，就可能让自己从此沾染上恶习。如果慢慢发展成一种习惯，就会走上一条无法回头的不归路，那时想改都改不了了，比如咱家梁上的那位君子，就属于这种情况。你们可不能因为一时的贫穷而丢掉自己的志气，自甘堕落啊。"

梁上的小偷静静地听着陈实的教诲，他感到非常吃惊：原来自己早就被发现了。刚才的那一番话也让小偷很感动：陈实不但没有喊人抓住他，反而还细心教导他。小偷感到羞愧不已，他慢慢翻身爬下梁柱，向陈实请罪，并说："您说得真有道理啊，我知道错了，以后我再也不会干这种勾当了，求您宽恕我吧！"

陈实慈祥地笑道："我看你的相貌，并不像是个坏人啊，应该是被贫穷所迫吧？以后要好好反思一下，现在洗心革面还来得及啊！"说完，陈实又让家人拿出几匹白绢来赠给小偷。小偷大感意外，千恩万谢地离开了。从这以后，陈实所在的这一带很少再有小偷出没了。

这就是我国历史上很有名的“梁上君子”的典故。故事中，处事老练、洞悉世情的陈实老人家为人心胸宽广豁达，他不动一枪一矛，也不借一兵一卒，仅凭自己一颗宽广的胸怀和几句教导的话语，就让小偷羞愧难当、浪子回头。可以说，宽恕了梁上君子的陈实是一个名副其实的梁下君子，他的这种“得饶人处且饶人”的宽容与大度是一种超越常人的大智慧。他这样做，一方面可以避免自己人与小偷的争斗，从而保全了双方的生命与人身安全；另一方面，也可以借这个机会教训自己的儿孙，让他们牢牢记住这个别开生面的教诲，让他们在以后的人生道路中做一个有品行有道德的人。除此之外，陈实还能够得到梁上小偷的尊敬与感激，他的这一宽容的举动等于是一举三得，这就是胸怀宽广、豁达之人的一种大智慧。

换句话说，对那些能宽容的人我们大方地施以宽容，宽容了别人，其实也就等于善待了我们自己。凡事不要太过于斤斤计较，在别人懂得知错就改的时候，要适当给别人一次重新做人的机会。只要不超出大的原则底线，只要没有造成什么严重的后果，只要别人是诚心改过的，何不给对方一次机会呢？一味地严惩不贷和有仇必报只会使双方的矛盾更加激化，从而使事情更加复杂化。泰然自若、心胸豁达、平心静气地处事，既让我们少了一些无谓的烦恼与痛苦，也可以多结交一些朋友。“多一个朋友多一条路”，人生在世，谁能没有过错？谁能做到永远不需要朋友的帮助呢？与其多树立一个敌人，还不如多结交一个朋友。在友谊这个光环的围绕之下，你会发现自己的生活会更加多姿多彩、充满乐趣。

第二章

淡定——面对选择，看淡得失

气度决定一个人的高度

凡事往好的方面想，自然会心胸宽大，也较能容纳别人的意见。宽大的心胸，不但可以使人由别的角度去看事情，更能使自己过着无时不刻不自得的日子。

有一回，释尊的大弟子被一位婆罗门侮辱，但他对于婆罗门的辱骂只是充耳不闻，未予理会。因为他知道，一个会以辱骂别人来凸显自己的人，在个人的修养和品行上都有问题。婆罗门见到释尊的大弟子无端被自己辱骂，不但没有生气，且微笑地答辩，真不愧是圣者，终于自知理亏地离开了。

豁达一些，也要大度一些。就拿鞋子来说吧，我们买鞋子都知道要多预留一点空间，否则穿久了，会因脚和鞋子摩擦得太厉害，而起水泡，甚至磨破皮。又如赴约，提早 5 分钟或 10 分钟到场，也一定比剩一分钟赶到的心情轻松多了。

曾担任英国首相的丘吉尔，对于化解愤怒的方法便是幽默。有一次丘吉尔演说前，一位不赞同他的人递了张纸条给他，上面写着“笨蛋”二字，丘吉尔看了之后，并没有生气或不悦的颜色，只是拿着那张纸条幽默地说：

“我常常接到许多忘了签名的信，今天是我第一次接到没有内容却有签名的信，难道这就是他的签名吗？”随后丘吉尔将纸条展示给在座诸位观看，引得哄堂大笑。愤怒是不好的情绪，但大多数人往往控制不住它，只有少数有智慧、有度量的人才能适时疏导这种不好的情绪。

我们都有过这种经验，每当遇到那种使人愤怒的情景时，往往会按捺不住怒火。可是盛怒之后，再反省就会发现：“我当时也可以不必那么愤怒的，其实事情也不是那么严重，不知道他（受气者）现在的感受如何。”这就提醒我们必须通过日常生活不断地磨炼自己，使自己拥有化解、疏导愤怒的智慧和能力。我们不是顿悟的圣者，便只有靠着“时时勤拂拭，勿使惹尘埃”的功夫，使自己臻于能忍辱、容人的境界。希望能在生命之河的洗练中，慢慢磨去不知足的坏习性，迈向圆融的人生。

在这充满争斗的繁华世界之中，唯有以自然无争的态度，并处处流露服务他人的意念，才能散发人性至真、至善、至美的光明面。

西方有一句谚语：“当你笑时，全世界都跟着你笑，当你哭泣时，只有你一人哭泣。”日本也有一句谚语：“笑门福来。”如果想要福气的话，在每天出门时就多练习练习笑容吧。

自古以来很多人把求名、求官、求利当作终生奋斗的三大目标。三者能得其一，对一般人来说已经终生无憾，若能尽遂人愿，更是幸运之至。然而，从辩证法角度来看，有取必有舍，有进必有退，有一得，必有一失，任何获取都需要付出代价。往好的、乐观的方向看，必将会希望无穷；反之，一味地往坏的、悲观的方向看，定觉兴致索然。

格局有多大，人生就有多精彩

格局决定了人生，但是仅拥有大格局，忽视了细节，同样会输得一塌糊涂。很多时候，细节就是力量，细节决定成败，它像一个小魔鬼，无处不在，一旦你对细节有丝毫的懈怠，立刻就会遭到它的反击。所以，拥有大格局很重要，但也不要忽略大格局中的细微之处。

马云在一次演讲中，有这样一段话：“刘国梁、邓亚萍等打球时，球网上加了一个很小的缝，只要发 3 个球，就能穿过去，我估计自己发一万次都穿不过去，因为那需要细节上的苦练。有人说我很牛，6 分钟说服了孙正义，其实是他说服了我。在正式见孙正义前，我在硅谷至少被拒绝了 40 次。”

很多人总是活在昨天，觉得失去的似乎是最美好的。我要说的是，昨天已经过去，不要再去留恋。做人做事都在于细节，任何事情都一样。注意细节，就是把每件事做精、做细，将成功的每一个控制点都把握好。

什么是“格局”？就是高度，就是视野。

一个女孩大学毕业后，应聘到一家图书公司做文员，试用期三个月。

结果，每天都被呼来唤去，打印报表，整理会议纪要……都是杂活，毫无头绪。她觉得自己在这里学不到任何东西，也彰显不出自己的价值，感到很无聊，便有了辞职的打算，可是一想到就业环境的不明朗，她又有点犹豫。

后来，女孩打电话给同学，将自己的工作情况跟同学说了一通，她问同学："你说，我该怎么办？是否要辞职？"同学建议她说："你做的工作看起来都是一些小事，没什么技术含量。但厉害的人，就能干得跟别人不一样，他能将小事做出亮点，让人佩服。"之后，为了提高说服力，同学还给女孩讲了个故事：

一位小伙子到一家企业做实习生，主要负责会议纪要。过去，整理会议纪要的人一般都只建立讲话重点，简单格式。而这位小伙子，不仅有条理地记下了内容，还标注出了重点，做好排版，配上图片，让人觉得眼前一亮。之后，全公司的人都将他的纪要当作模板来用。

做会议纪要是一份很简单的小事，没人要求他这样做，但他却做好了每一个细节，做出了技术含量。这位小伙子的实习经历说明把细节做好，也可以做出成绩。

听了同学的建议后，女孩静下心来严格地要求自己，不断精进，终于在公司占据了一席之地。

说到成功的秘诀，很多人都会想到"坚持"。但我认为，更要注意"细节"。任何事情的成功都要经历一个积累的过程，将无数的细节做好了，大事也就完成了。

李海是一家企业的分公司经理，他曾这样形容过自己的奋斗史：

担任主管的前五年，我觉得工作很容易，可是五年后却觉得自己的付出和所得不成正比。一天，我在网络上听了一场演讲。演讲者提到"人到最后比的都是细节”，让我恍然大悟。之后，我便开始逐一审视自己的工作，每天都要花 15 分钟的时间回想自己在工作上还有哪些可以改善的空间。最后我发现，虽然每天的工作不变，但我可以用不同的精神和态度去做事……一个人的价值通常都决定于他所在的位置，一旦养成了注意细节的好习惯，就会给他人留下一种“你办事我放心”的强烈印象，也就为职场打开了一扇窗。渐渐地，老板在我身上看到了过去不曾见过的风景，分公司成立后，我被委以重任。

抓住了细节，也就赢得了机会；重视细节，就能赢得更广阔的发展之路。

一次跟朋友出去吃饭的时候，认识了一位铁板烧主厨。这位师傅在为我们服务时，会利用空当时间跟我们分享怎么选购红酒，如何品尝起司，即使是路边小吃，他都能做出合理的推荐。甚至是在换碟的空当，还能小露两手杂耍特技，把顾客逗得直呼“很值”。

我对这位师傅产生了兴趣，之后便又光顾了几次，慢慢熟悉起来。通过聊天我了解到：他每天都会将四分之三的时间留给餐饮，将四分之一的时间留给细节。他会思考每道美食为何好吃，甚至会观察顾客可能喜欢听哪种音乐、喜欢哪种类型的旅游等。他总结说：“生意好的人都很注重细节！”

格局大的人，一般都心胸开阔，理想远大，会用发展的、战略的、全局的眼光来看待问题。对弈前的布局造势是否壮观、雄浑，要看你的格局是否博大，因为格局有多大，成就就有多大。

我国台湾地区的知名人士陈文茜是个很有影响力的风云人物，一次白岩松对她进行了采访，她说：“人生处境，最怕格局小。”

为什么大格局很重要？格局太小，就容易被其所限。只有人生格局足够大，追求足够高远，才能从心理上摆脱俗世的羁绊，才能在视角上摆脱狭隘、掌握全局，才能真正做到无争而争，从而有所大成。

比如，中国企业最大的问题，不是资金、市场和规模，而是经营者的观念和心智，即突破人生格局的困境。只有有大格局的人，才能成为大企业家；也只有这样的人，才会有高度的使命感、崇高的社会责任感，才能赢得世人的敬仰。

格局有多大，人生就会有多精彩。扩大自己内心的格局，并注重细节，才能构思出更大、更美的蓝图。

逆境才能看出一个人的气度

每个人都没有选择出身的自由和权利，也许你生在富贵之家，也许你长在穷乡僻壤，但这些都只能代表我们的人生起点而并不能代表我们的全部人生。现实生活中总有那么一些人，为自己出身贫寒而感到自卑，总觉得和那些富家子弟相比矮人一等，甚至认同“学好数理化，不如有个好爸爸”的说法。这些人还毫无道理地埋怨自己的父母没有为自己打下一片江山，没有为自己留下任何财产，更有甚者，责怪自己的父母不该让自己来到这个世界上与他们一同吃苦受累，这些错误的出身观念都是一种认识上的悲哀。要知道，英雄不问出身，最关键的是你是否能够通过自身的不懈努力取得一定的成就。

古今中外，有很多名人都是出身贫贱的。明朝的开国皇帝朱元璋就是一个出身贫贱的典型范例。在他出生时，家里已经有了三个哥哥和两个姐姐，而老爸朱五四又是以务农为生，微薄的经济收入难以维持一家人的吃穿用度，大家只好时常忍饥挨饿。后来等朱元璋稍稍长大了一些，便去给人家放牛，做了个小小的放牛娃，挣些小钱来帮助父母减轻负担。

等到朱元璋渐渐长大，他的家乡迎来了大灾之年，以务农为业的人们几乎颗粒无收，一时间人们贫病交加，朱元璋的父母也在这场灾难中死去。朱元璋在草草料理了父母的后事之后，为了能够活命，为了能够讨口饭吃，便走进皇觉寺，剃度做了和尚。但在皇觉寺，他却受尽师兄弟们的欺侮，寺里大大小小的粗活重活，几乎全都由他一个人承担。然而，从另一方面看，这也锻炼了他坚忍的耐力。所谓“自古英雄多磨难，从来纨绔少伟男”，正是由于他能够正视自己出身的贫贱，也能够忍受自己出身贫贱，才没有因一时冲动做出不可收拾的事情来。做了和尚的朱元璋经常要出去讨饭，三年的时间下来，他得到了各方面的锻炼，使他学会了怎样处理人际关系，怎样与别人交流和交往，尤其重要的是，这让他对天下大势有了一个清晰的认识和了解，从而使他能不失时机地抓住机遇，一举登上了皇帝的宝座。朱元璋的成功，既可以说是“时代造就英雄”，也可以说是“贫贱造就英雄”。

我国古代文学家孟子在《生于忧患，死于安乐》一文中就曾提道：“天将降大任于是人也，必先苦其心志，劳其筋骨，饿其体肤，空乏其身，行拂乱其所为，所以动心忍性，曾益其所不能。”孟子的这几句话就向人们说明了出身贫贱与遭遇逆境对一个人的有益之处。孟子还一一列举了一些名人来说明这一点：舜，从田野之中被任用；傅说，从筑墙工作中被举用；胶鬲，从贩卖鱼盐的工作中被举用；管夷吾，从狱官手里释放后被举用；孙叔敖，从海边被举用，进了朝廷；百里奚，从市井中被举用，登上了相位。

人要接受自己贫穷的事实，也要宽容自己的贫穷，不能因为自己的一时贫穷，就一辈子自暴自弃，不求上进。所谓“人穷志不穷”，一个人就是再贫穷也一定要穷得有志气，只有这样，才有可能改变贫穷的现状。

理查德是一位企业家，他经常开着自己的那辆劳斯莱斯车满世界跑着忙他的业务，这让很多穷人都羡慕不已。然而理查德却不以为然，他总是说：“即便你现在再穷，如果你愿意，你将来也可以和我一样。”因为很少有人曾想到，理查德在从商以前，曾是一家汽车修理公司的洗车工，那时，他所干的是又脏又累的帮人洗车擦车的工作。然而，有件事改变了他的一生。

那一天，老板吩咐他为一名客人擦洗一辆豪华的劳斯莱斯车，理查德中学还没有读完就辍学当了一名洗车工人，没有见过什么世面，而且他当时的打工时间还不算长，第一次见到这么豪华漂亮的劳斯莱斯不禁让他感到兴奋不已。他认认真真地将车子从头到尾好好擦拭了一遍，擦完后他站在一边欣赏着这辆车子。“太漂亮了！”他不禁赞叹道，忍不住用手去拉车门，想要上去感受一下坐这种车会是一种什么样的感觉。可是，他的手刚碰到车门拉手，就听见老板大吼一声走过来：“喂，你在干什么？你这个穷光蛋！这种车也是你这种身份的人可以随便坐的吗？像你这样的人一辈子也别指望能坐得起这种车子！”

理查德感觉自尊心受到了严重的伤害。难道像我这样的人就不配坐劳斯莱斯吗？虽然我现在是个一无所有的穷小子，但不等于我将来仍然一无所有！等着看吧，这辈子我不但要坐上劳斯莱斯，而且我还要拥有属于自己的劳斯莱斯！

理查德下了很大的决心，他把这一决心作为他的奋斗目标。从那以后，他一直在不懈地为着自己的目标努力拼搏着。果然，功夫不负有心人，许多年以后，理查德拥有了一家属于自己的汽车修理中心，也拥有了一辆属于自己的豪华的劳斯莱斯。当他事业有成时，他不禁感慨：我还要多感谢我那卑微的出身，正是因为我的穷困，才让我懂得了不懈的奋斗，因此才有了今天。如果我那时就拥有了父亲留给我的劳斯莱斯的话，没准我现在已经坐吃山空、把钱花得精光！

在现实生活中，常有人信奉宿命，遇事逃避，听天由命，总觉得老天已经给了自己注定的命运，自己就算再怎么挣扎也都是无济于事的了。这种人有着一种严重的消极与自卑心理。事实上，人人都是生而平等的，某些外部条件的差异并不能够代表人的一生。只要我们能够以宽容的心态去正视自己的出身，正视自己的艰难处境，用一种积极向上的心态去面对一切，为改变自己的现有处境，为自己心中美好的理想而不懈地努力奋斗，那就终会成功。

大智若愚，得理也要让三分

在生活中，常有些人喜欢时时处处彰显自己的聪明，其实，这是最不聪明的做法。很多时候，伴随智慧而来的不是聪明，更多的是愚蠢。有道是，大智若愚。真正聪明的人，外表往往看起来有些许的愚笨。

宋代著名文学家苏东坡在《贺欧阳少师致仕启》一文亦云："大勇若怯，大智若愚。"可见"大智若愚"是人生的至高境界。大智若愚者秉承宇宙之灵气，混混沌沌而与天地为一体，人在江湖，心如止水，故能以出世之大道成入世之伟业。

大智若愚是一种故作糊涂的智慧。况钟是明朝有名的好官，早年曾在尚书吕震属下为小吏。况钟虽是小吏，但头脑精明，办事忠诚。因有奇才，为吕震所重视，推荐他当主管，升郎中，最后出任苏州知府。因为自己出身吏员，况钟深知吏治中的积弊，也知道苏州小吏的奸猾。

但是，初到苏州，况钟并没有立即着手吏治，而是假装对政务一窍不通，凡事问这问那，府里的小吏们怀抱公文，个个围着况钟转悠，请他批示。况钟佯装不知，左顾右问地询问小吏，只按群吏的欲望办事，群吏们都很高兴，私下以为这位新任太守是很容易欺侮的。

过了三天，况钟召集全府上下官员，完全没有往日的愚笨，大声责骂道："你们这些人中，有许多奸佞之徒，某某事可行，他却横加干涉，某某事不可行，他则怂恿我，以为我是个糊涂虫，耍弄我，真是罪大恶极！"

况钟说罢，当即下令，将其中的几个小吏捆绑起来，痛打一顿，再将其当街示众。

此举让其他属下各个心惊胆战，再也不敢肆意妄为了。从此，一府大震，人人奉公守法，人称况钟为"况青天"。

"大智若愚"是"若愚"，并不是真的愚钝。大智若愚的人可以利用他人以为的"笨拙""愚蠢"来完成在"智慧""巧妙"的情况下不容易办成的事情。

唐代名臣郭子仪是四朝红人，他担任天下兵马大元帅之职，手握重兵，权倾朝野，一举手、一投足都关系到大唐帝国的存亡，即便是皇帝都敬他三分，可谓"一人之下，万人之上"。然而，就是这样一位位高权重的大人物，在自己的祖坟被人掘了的时候，却气不长出，面不改色。

当时，于朝恩是皇帝身边的宦官，为人很势利，此人虽无才华，但是由于他擅长溜须拍马，所以深为皇帝宠爱。

于朝恩对郭子仪的才干、权势心存嫉妒，曾多次在皇帝面前打小报告，诽谤攻击郭子仪，却没有成功。愤怒之下竟暗中指使人盗挖郭家的祖坟。

身在前线的郭子仪得知是于朝恩的卑劣手段，非常愤怒。当他从前线返回朝廷时，满朝公卿都以为他必会有所动作，但是他并没有因此大张旗鼓地实施报复，不仅如此，郭子仪还平静地对皇帝说："我多年带兵，并不能完全禁止部下的残暴行为，士兵毁坏别人坟墓的事也发生过不少。我家祖坟被掘，这是臣下不忠不孝，获罪于上天的结果，并不是他人故意破坏。”

很显然，凭郭子仪在朝中的地位要除掉一名奸宦简直不费吹灰之力。但他并没有那样去做，而是选择忍让，选择了平和地对待。

在现实生活中，有不少冲突的发生多是因为一方或双方纠缠不清或得理不让人，一定要小事大闹，分出个胜负，结果矛盾越闹越大，事情搞得越来越僵。如果能够学学郭子仪的做法，用宽容之心待人，那么自然就能大事化小，小事化了。

《菜根谭》说：“滋味浓时，减三分让人食，路径窄处，留一步与人行。”有理也让三分，不仅可以化解矛盾，同时还可以加深彼此之间的了解，增进友谊，对于建立融洽和谐的人际关系能起到促进作用。做事要留有余地，不可将事情做绝，于情不偏激，于理不过头，得理之时，不妨让人三分，做一个聪明的糊涂人。

小气之人难成大器

气量太小，难成大器。事由人做，容人等于容事，容得下多少人，就能解决多少事。小气之人，处处斤斤计较，必然处处失人，处处败事；大气之人，吃得了亏，受得了屈辱，赢了人心，成就了事业。计较于眼前，失去的是更宽的天地。

没有海一样的胸怀，哪有海一样的事业。气度有多大，事业就有多大。宽容，可以将众人聚集在一切；大度，也能受到他人的欢迎。人生之路漫长而曲折，与人相处，首先就应该豁达大度，气量宽宏，能够容人。

成功与气度是人一生的关键要素，只有不断地进行自我鞭策，才能站得长久。要想让自己走得远，就不能少了气度。

“小气度”盛不下“大成功”！俗话说：“壶小易热，量小易怒。”动辄发脾气、动肝火是胸襟狭窄、气量太小的表现。气量大的人，绝不会为了区区小事而随意发火。即使遇有不顺心的事或受到不公正的待遇时，也能心平气和地讲道理，和风细雨地解决矛盾和问题。

蓝妮是个尽职的后勤主管，深得老板赏识。自上任起，蓝妮就处处以公司的利益为重，为公司的开源节流做出了不少贡献。

7月份天热，公司的水电费蹭蹭上涨，蓝妮感到很犯愁。蓝妮参考一些同行的处理办法，最终敲定了一个方案：限时提供冷气。所有部门在每天上午十点半以前和下午四点半以后不能开空调，并购置一批风扇以备不时之需。

蓝妮拟好通知书，拿去给老板审批，却遭到了老板的反对。老板给蓝妮讲了一个故事：

东晋年间，右将军周札一家五人封侯，身居要职。周家势力庞大，遭到了同僚的嫉妒，其中大将军王敦对他们的猜忌最突出。王敦私下里联合江南的沈氏士族共同讨伐周札，周札得到消息时已是兵临城下，只能仓促应战。

周札准备率领几百名部下出城迎敌。本来库房中有一批打造精良的兵器，但周札非常小气，舍不得拿出来给士兵用，只给手下的几百个士兵分发了劣质兵器。士兵们看到周札在生死存亡的关头如此吝啬，便失去了为他卖命的决心，最后溃不成军，周札丧命。

故事听完，蓝妮明白了老板的意思：节省空调费，员工的工作环境就会变差，工作热情和效率都会受到影响。表面上是为公司节省了开支，其实是影响了公司的长远效益，会因小失大。

老板说："我们提倡节约，但必要的时候不能小气。"

蓝妮庆幸自己遇到了一个开明老板，虽然外贸行业整体情况不太好，但是蓝妮所在的公司却迎难而上，一直保持着稳步成长，士气高昂的职员给公司带来了源源不断的活力。

公司的福利保障、提成制度，都体现了老板的高瞻远瞩。有智慧的人都会视野辽阔，纳天地于心中。他们关注长远利益，不会计较眼前得失。

在他们的字典里，没有“吃亏”这一说。

气量小的人，容不得一丁点儿的损失，鼠目寸光，结果只会捡了芝麻丢了西瓜。喜欢斤斤计较，必然处处失人、处处败事。气量大的人，能够吃亏，能受屈辱，自然可以赢得人心，能成就事业。

格局就是指一个人的视野、胸襟、胆识等心理要素的内在布局，一个人格局大了，未来的路才能宽；一个人的发展若受限，往往就是“太小气”所致。

有个小伙子毕业于名牌科技大学，刚入职那几年，他潜心钻研技术，兢兢业业、踏实努力、埋头做事、淡泊名利，从技术员一直成长到副总经理，成为单位的技术权威。可是之后，不可思议的事情发生了。

小伙子的性情大变，开始以自我为中心、喜欢计较、不好合作，即使自己没有道理也会胡搅蛮缠，有理更要闹得天翻地覆。更令人气愤的是，他的年薪高达30万，竟然会为了100元的出差补助而跟财务总监翻脸，甚至还会为了报销一张10元的的士车票去做假。

适逢企业上市，董事会会议一致表决：“鉴于此人表现，不宜考虑纳入股改对象。”结果，单位很多人因企业上市成为百万富翁、千万富翁了，而他还是30万年薪，最后在心理极度不平衡中辞职走人。到另外一家企业连年薪也拿不上，变成拿月工资了。恐怕这辈子他只能这样了，因为他太小气，很难改变自己的命运。

气量太小，受了一点委屈或碰到很小的得失便耿耿于怀，常为一些细小的意见和闲话而闷闷不乐。从心理学的角度看，就是一种典型的狭隘性格。

狭隘，就是人们常说的“气量小”“小心眼”。对一些细小事情、闲言碎语，在“气量大”的人看来根本无所谓，可“气量小”的人往往会生上好几天的闷气；在日常生活中，一些小疾病、小挫折，都会对其心理活动产生很大的影响；别人相互间讲句悄悄话，“气量小”的人便以为是在讲自己；别人心里不高兴、脸色不好看，“气量小”的人就疑心是对着自己来的……气量大小同一个人的人生观有着密切的关系。气量大，自然就不会为了个人的一点小事而斤斤计较。

人的气量与人的知识修养密切相关，越有知识、越有能力、越有修养，越不会陷入狭隘。培根曾说：“读书使人明智。”肚里的知识多了，立足点就会提高，眼界也会相应开阔。

坦然面对失去，勇敢迎接未来

在人生的旅途上，面对茫茫的大海，你就是船长，因此，无论怎样，都应当懂得要认真地去掌舵，把握好自己的航向。就像天空不可能一直万里无云一样，大海也不可能一直风平浪静，有的人会遇到雷雨大风，有的人会遇上暗礁，也有的人会遇到龙卷风……可是无论如何，你都不应该漂泊在大海上，随波逐流。即使船已经破烂不堪，或者你已经失去了载你航行的工具，你都不应该游荡在大海上，忘记前行。你必须向你的目标前行，直至到达成功的彼岸。

席勒是美国一位著名的潜能开发大师，由于他所采用的激励方法极佳并且演讲的内容精彩丰富，所以很受人们的喜爱，他经常应邀到世界各地去巡回演讲。

这位潜能开发大师有一句至理名言：任何一个苦难与问题的背后，都有一个更大的祝福。他常常将这句话挂在嘴边，不仅用于演讲激励他人，也用于激励自己，就连他唯一的女儿，才刚刚上小学，也随着席勒一同念诵这句话。在学校里，他的女儿也和他一样，十分活跃抢眼。

那一次，席勒正在韩国做演讲，突然，他接到了来自美国的紧急通知：他唯一的女儿发生意外，已经送到医院进行紧急救治，但是有可能需要做手术截去一双小腿。听到这个消息之后，他匆忙结束了演讲，火速赶回美国，到达医院之后，他看到的是躺在病床上已经失去小腿的女儿。

突然，席勒发现自己那令人羡慕的口才消失得毫无踪影，他第一次笨拙得不知道该如何去安慰这个热爱运动并且活力十足的小天使。

聪明的女儿似乎看出了爸爸的心事，她懂事地说："爸爸，您不是时常说，任何一个苦难与问题的背后，都有一个更大的祝福吗？不要难过。"席勒无可奈何地说："可是，你的腿……"

可爱的女儿继续安慰席勒说："没关系，爸爸你放心，我的脚没了，我还有手可以用啊。"

席勒的女儿没有让席勒失望，两年之后，她升入中学，并且入选垒球队，更不可思议的是，她成了该联盟有史以来最厉害的全垒球王。

那些苦难既无法回避，也无法改变，但是，这并不意味着你只能坐以待毙，事实上，你依然能够找到其他突破口。就像盲人，没有了眼睛，他们依然能"看"到世界的美丽；耳聋的人虽然失去了听觉，他们也依然能够"听"到声音的美妙；双腿残疾的人无法行走，但却阻止不了他们向前迈步。是坚毅的力量让他们斗志昂扬，让他们更加进步，更加懂得去追求自己的幸福。

当你无法达到自己预期的目标时，不妨想想世界上还有那样的人存在。放心去面对生活中的逆境，只要你用心，就会发现，那些苦难实在是不堪一击，它们就像纸老虎，表面上的威武强大都是虚幻的。只要你能突破限制，激发自己的能力，成功就不会远。

生活永远都不可能事事尽如人意，也不可能四季如春。有时候你会不小心丢失了春天，忘记了欣赏春天的景色，但是春天却已经在你身边走过，无论你如何挽留或者回望，它的脚步不会因你停下，但是，不要沉浸在失落和悲伤中，因为后面还有盛夏，盛夏过后就应当去收获秋天的果实，而不是因为错过了春天，就在哀痛中哭泣，然后又错过了夏天和秋天。

每个人一生都注定会有沟沟坎坎，有无数的苦涩与辛酸，但是，只要心中的信念没有倒塌，只要还拥有生命，就不应该轻易被暴风骤雨摧折。

世界著名的小提琴演奏家欧利·布尔在巴黎举行音乐会，弹奏的时候，他的小提琴上的 A 弦突然断了，但是欧利·布尔却没有因此而停下来，他用另外三根琴弦演奏完了那支曲子。

人生也正是如此，如果你的 A 弦突然断了，你还有其他的三根，你可以用其他三根将曲子演奏完，如果你做到了，你的生命将比其他人的多一些精彩。

既然失败和不幸等厄运无法改变，不如去接受它、适应它吧。任何人都会遇到逆境，遭受厄运，而在不幸中更应该懂得顽强，更应当努力奋斗。

拒绝抱怨的人，才能收获成功

荀子曰：“自知者不怨人，知命者不怨天；怨人者穷，怨天者无志。”有自知之明的人不抱怨别人，掌握自己命运的人不抱怨天；抱怨别人的人则穷途而不得志，抱怨上天的人就不会立志进取。在市场经济的大潮中，任何牢骚满腹、怨天尤人的举动都毫无意义。任何人的幸福和成功都不是抱怨出来的，而是走出来的。只有把抱怨环境的心情，化为上进的力量，才能叩开成功的大门。

加藤信三曾经是日本狮王牙刷公司的一个小职员。有一次夜里加班，他很晚才回到家，第二天早上还是起床准备去上班。

他匆匆忙忙地起床洗脸、刷牙，没想到在忙乱中牙齿被刷出血来。加藤信三不由心生恼火。原因是在刷牙时牙齿出血的情况已经发生过很多次了，怀着一种恶劣的情绪和满肚子的牢骚他冲出了家门赶去公司。

作为一名牙刷制造公司的员工，使用自己公司的牙刷刷牙竟然牙齿出血，加藤的不满情绪越来越难以控制。但是，当他怒气冲冲走进公司大门后，他将脚步渐渐放慢，慢慢地平静了很多。

进了办公室，他开始和同事们讨论牙齿出血的问题，并且提出了如何对牙刷进行改造，从改进刷毛质地、改造牙刷造型、重新设计刷毛排列等各种情况提出了牙刷的改造方案。

加藤很快通过实验来验证方案的可行性，想要找到最好的解决方法。加藤发现，牙刷毛的顶端由于是机器切割，所以全部呈锐利的直角——这才是刷牙出血的真正原因！

后面的事情就很好解决了：改变刷毛的切割方式，把这些直角都弄成圆角。然后他向公司提供了成熟的改造方案，公司很快投入资金，把全部牙刷毛的顶端都改成了圆角。

改善后的狮王牌牙刷很快受到广大顾客的欢迎，公司获得了很大的盈利。对公司做出巨大贡献的加藤也由一个普通职员晋升为主任，多年后，他成了公司董事长。

诚然，不论现实生活是多么不尽如人意，依然不乏成功的机会。一个人能否成功的关键，是看他在生活中的态度，面对生活的种种不如意，是不满、抱怨，还是将不满、抱怨化作成功的动力。只要秉着一种积极向上的生活态度去努力，去改变现状，只要不是发牢骚、悲叹不公，那么，就有理由相信，成功已经离得不远了！

生活赐予了我们每个人同样的生活环境，而抱怨让有的人生活变得黑暗，当我们停止抱怨，寻找快乐的时候，我们的生活也就充满了阳光。因此我们勇于接受生活所给予我们的一切，不仅仅是甜美，更有苦辣。不要抱怨自己的专业不好，如果你把自己的专业知识全部学到手，你就是成功；也不要抱怨你的学校不好，只要你肯努力，一样能成为一个人才；更不要去抱怨自己满腹才华无人赏识，只要你把自己的技能水平提高到一个更高的台阶，就会得到更多人的关注，你的机会也就会随之而来。

过多的抱怨会淹没生活的热情，过多的抱怨会消磨奋斗的勇气，过多的抱怨会让生活失去阳光的温暖。让我们在生活中少些抱怨多些行动，用自己的努力来改变现状吧！哀怨自己的生活，不如去改变自己的生活，美好的人生就是在特定的游戏规则中积极进取并不断获得幸福的过程。

说服别人，沉默有时更有力

很多人都认为，想要说服别人，好口才必不可少。其实，偶尔采取沉默战术同样可以达到说服的效果。适时的沉默可以引起对方的注意，使对方产生迫切想了解你的念头。我们先来看一个利用沉默成功说服的例子。

一家著名的电机制造厂以“关于人才培育的问题”为主题召开了管理员会议。会议一开始，山崎董事就用他那特有的声音提出自己的意见：“我们公司人才培训的作用根本没有发挥出来，整个培训体系形同虚设，虽然现在有新进职员的职前训练，但之后的在职进修却成效不明显。职员们只能靠自己摸索来熟悉工作，这很难与当今经济发展的速度衔接在一起，因而造成公司职员素质水平普遍低落、效益不高。所以我建议应该成立一个让职员进修的训练机构，从而提升职员的业务水平。”

“你所说的问题的确存在，但说到要成立一个专门负责培训职员的机构，我们不是已经有 OJT（On the Job Training，职员训练）了吗？据我了解，它也发挥了一定的功用，我认为这一点可以不用担心……”社长提出自己的看法。

“诚如社长所说，我们公司已经有 OJT 组织，但它是否发挥实际作用了呢？实际上，职员根本无法从中得到任何指导，新职员只能跟着一些老职员学习那些已经过时的东西，这怎么能够迅速提升职员的业务水平呢？而且我观察到许多职员都出现了越做越没有信心、越做越没干劲的情况，所以，我认为 OJT 的功能不明显，还是坚持……”

“山崎，你一定要和我唱反调吗？好，我们暂时不谈这个话题，会议结束后我们再做一番调查。”就这样，人才会议草草结束。

一个月后公司主管们重新召开关于人才培训的会议，这次社长首先发言。

“首先我要向山崎道歉，上次我错怪他了。他的提案中所陈述的问题确实存在。这个月我对公司的 OJT 进行了抽样调查，结果发现它竟然根本没有发挥其应有的功效。因此，今天召集大家开会是想讨论一下应该如何改变目前人才培育的方法，请大家尽量发表意见吧！”

社长的话一出口，大家就开始七嘴八舌地提出建议。但令人奇怪的是，这一次山崎董事却始终一言不发地坐在原位，安静地聆听着大家的意见，直到会议结束。

会议结束以后，社长把山崎董事叫进社长办公室。“今天你怎么啦？为什么一句话也不说？这个建议不是你上次开会时提出来的吗？”

“没错，是我先提出来的。不过上次开会我把该说的都说了，其实那无非是想引起社长您对这个问题的重视罢了。现在目的已经达到，我又何必再说一次呢？还不如多听听大家的建议。”

“是吗？不错，在此之前我反对过你的提议，你却连一句辩解也没有。今天大家提出的各种建议都很空洞，缺乏实际的意义，反倒是你的沉默让我感到这个问题带来的压力。这样吧，这件事就交给你去办好了！从今天起由你全权负责公司的人才培训工作，请好好努力吧。”

在特定的环境中，沉默常常比论辩更有说服力。我们说服人时，最头痛的是对方什么话也不说。反过来也是这样，如果劝说者什么也不说，对方的错误意见就很难得到发挥了。

不同的沉默方式有不同的作用，运用时必须恰到好处才能达到想要的效果。

“咄咄逼人”的沉默能使人不攻自破。有一个小学生家教比较好，一天他拿了同学的一件玩具。晚饭前回到家，他装出一副若无其事的样子，笑吟吟地跟妈妈说：“妈，我回来了！”沉默。他又跟姐姐撒娇说：“姐，我饿了。”沉默。“怎么了？”沉默。“我没做错事啊？”还是沉默。妈妈眼睛瞪着他，姐姐背对着他，全家都沉默地看着他。他终于不攻自破了：“妈、姐，我错了……”

平平淡淡的沉默往往能发人深省：有些人态度很积极，但发表意见时会出现有失偏颇的情况，在这个时候，直截了当地驳回又易挫伤其积极性，循循诱导又费时，精力也不允许，最好的办法便是平平淡淡地沉默。他说什么，你尽管听，以一些语气词应答，等他说够了，再用适当的中性词和他告别：“好吧”或“你再想想”。别的什么也不说。如此，他回去后定然会好好想想今天的谈话过程，反思“今天谈得对不对？对方为什么不表态？错在哪里”？也许他会向别人请教，或许会自己悟出真谛。

沉默是金，有时候沉默不语往往能够出奇制胜，如果滔滔不绝反而起到反作用，最后有理说不清。

在沉默的同时以另一种行动的方式来代替口头表达，会起到妙上加妙的说服效果。

就拿领导来说，其行动对他的部下必然产生很大的影响，因此，领导要有身先士卒、上最前线的风范，才能更好地推动工作的开展。

建立起“西武王国”的堤康次郎曾经多次这样教育他的儿子——长大后成为日本西武铁路公司总裁的堤义明：“要让职员们跟随你，你必须要比别人多干 3 倍的工作。”

堤康次郎是以他的经验教育经营者应该具有的态度，这句话也同样适合于任何一位担任领导和主管工作的人。想要别人做到的，首先要自己带头去做，否则不但起不了什么效果，部下也不会服从。与使用任何语言进行劝说相比，“比别人多干 3 倍的工作”往往更具说服力。

身体力行是说服部下的先决条件。光说不干，指手画脚，这样的领导在部下面前是缺乏说服力的。俗语说得好：“说一千，道一万，不如自己干一干。”自己率先实行的态度，比对部下讲大道理更具说服力，这种无言的说服是最好的说服。

吃得起亏，才能容得下人

世界上任何东西都是此消彼长的关系，就像经商一样，有盈利就有亏损，谁都不可能一直是“常胜将军”。在社交场合也是如此，很多事情并不完全符合我们的想象或者意愿。

一分耕耘一分收获是没错，可是世界上这种完全对等的回报并不多见，很多时候回报与付出并不成正比。既然如此，那就需要学会吃亏。

常言说得好：“吃亏是福。”也许你觉得自己吃了亏，可说不定将来就变成了一个福。

菲菲是一家上市公司某销售部的经理助理，她是一个很聪明的女孩子，是一所重点大学的高才生。她的父母很注重对她为人处世的培养，父母经常告诉她：“出门在外不要老想着沾光，而是要学会吃亏。”菲菲也很听父母的话，在公司里，上上下下她都打理得很好，很受经理的赏识，同事也都很喜欢她。

最近，她的部门来了一位实习的小伙子，听说刚大学毕业。经理本想让其他人带带这个小伙子，可是那几个人都不愿意。他们都担心做这件事费力不讨好，说带新人没好处，还耽误自己的工作。

没有一点好处的事，自然没人喜欢做了。没办法，经理就把那个大学生交给了菲菲，还特别交代菲菲要好好带他。菲菲果然没有让经理失望，她想都没想就答应了。

可自从这个天天都是一身名牌的大学生来了以后，菲菲的工作量就比以前大多了。也不知道他是怎么混到大学毕业的，居然好多事情都不懂，就连对自己的专业，他都一窍不通，几乎只会做一件事情，那就是网络游戏。交给他的每一项工作他都给弄得乱七八糟，最后留下个烂摊子让菲菲收拾。菲菲心里虽然很不舒服，可她还是耐着性子一点点地教他。

为了能让他多学点东西，菲菲牺牲了自己跟同事外出游玩的时间，牺牲了自己的休息日，就连公司出差学习的机会，她也放弃了。她认为既然经理让自己好好带他，自己就应该对经理和他负责，绝不能让经理失望。小伙子也被菲菲的认真劲感动了，也很努力地学习，这让菲菲心里多少有点安慰。

小伙子两个月的实习时间结束了，菲菲终于松了口气。

就在那个大学生走后的一个月，经理告诉菲菲："我要升为大区经理了，销售部经理的位置就由你来接替。"看着菲菲那惊讶的眼神，经理说："你不用感到奇怪，这是你应得的。你知道跟着你实习的那个大学生是谁吗？他是董事长的儿子。你不计个人利益的得失，对于别人认为无利可图的事，你也能不遗余力地做。董事长说经过各方面的衡量，你完全有能力胜任这个职位，最重要的是，公司需要你这样不怕吃亏的员工。"

从菲菲的事例来看，"吃亏是福"是有一定道理的。不过，吃亏是隐形投资，它的收益不是一下子就可以显现出来的，它需要时间。如果过分注重眼前的利益，总是斤斤计较，则往往会得了小利，吃了大亏，就像菲菲的其他同事一样，因为计较眼前，而错失了升职的好机会。与其他人共事，当自己觉得吃亏的时候，不妨抱着一种“吃亏说不定就是福”的想法，这会让自己的心里多一分踏实，并以积极的态度与人相处。相反，如果事事都计较，唯恐自己吃亏上当，和你共事的人就会觉得你很小气，没有人愿意与斤斤计较的人做朋友，你可能会因此而交不到朋友，处不好关系。

其实，与他人的交往就是一本账。那些肯吃眼前亏的人，在他人的心中储蓄了情感，那么遇到困难，需要帮助的时候，对方就会加倍地回报你。因此，别怕吃亏，吃一次亏，就是往对方的情感账户上增加了一份储蓄金，等到你需要的时候，就可以大量提取。

不肯增加储蓄而只想大笔支出的人是无人理会的，这样的银行账户也是根本不存在的。你根本没有储蓄，到需要用钱时，自然也就没钱可用了。

在与他人交往的过程中，一定要记住：吃亏就是占便宜。吃亏是赢得好人缘、扩大人际关系网络的有效方法之一。

第三章

胸怀——成功者的胸怀都是委屈撑大的

你无法得到所有人的肯定

人生没有固定的轨道，无论你选择什么样的方式，都可以听取别人的意见、接受他人的帮助。但是，无论如何，都要有强大的内心，时刻按照自己的想法去生活，坚持走自己的道路，做自己人生的掌舵者。只有掌握了自己的人生，才能真正活出自己的风采，成为世界上最幸福、最成功的人。

人生在世，总会跟别人打交道，即使不喜欢被外界打搅，也会有人在背后默默地观察着你。这种不被我们觉察的眼光，或许是好意，或许是恶意，但终究会被我们所重视。每个人都主动或被动地接受着这种监督，既可以是一种公德，也可能是一种枷锁。

有句话说："20 岁时，我们顾虑别人对我们的看法；40 岁时，我们不会理会别人对我们的看法；60 岁时，我们发现别人根本没有看到我们。"这并不是消极，而是一种人生哲学。所以，没必要在意别人的看法，坚持自己的想法，做自己喜欢的事情，才能做好自己，过得开心。

网络上，曾出现过这样一段视频：

公交车上人满为患，到站后，上来一个挺着很大肚子的孕妇，站在了男孩旁边。男孩左右看看，发现没人给孕妇让座，于是站起来，用一只手紧紧地抓着一个既破又脏的编织袋子，说："阿姨，你坐……"

孕妇看了看座位，没有坐。男孩可能意识到了什么，立刻从衣服兜里掏出一块餐巾纸，用力地将座位擦拭了一遍，又说："阿姨，座位我擦干净了，你坐吧……"孕妇尴尬地坐下……

男孩站在一边，可是车上的人太多，一摇一晃，小男孩撞到了一个中年男人身上。男人看了男孩一眼。

一个老太太看到了，怜惜地说："哎，可怜的孩子！"

男孩微笑着说："奶奶，我不可怜。我很幸福，我的爸爸非常疼爱我。"

老太太看了看男孩，问："你妈妈呢？"

男孩闭上了嘴，不再说话。旁边的中年男人说："他妈妈去年车祸去世，我是他大伯。"

从男人口中得知，男孩的妈妈以前是村里的教师，村里人很尊重她。放假后，为了改善家里的生活，妈妈带着男孩到县城打工，不幸遭遇车祸去世了。

男孩说："我妈经常对我说，要做自己想做的事，不要刻意在意别人的眼光。不管你做得多好，都不可能得到所有人的肯定。走自己的路，哪管别人怎么说。"

男孩的一番话让众人瞠目结舌，尤其是那个孕妇，红着脸低下了头。

太在意别人的看法，就会在自己的背上放上重重的龟壳，走起路来也会困难很多。只有走自己的路，才能活出最靓丽的自己，才是对家人最好的回报。

在我们身边，很多人都做了别人意见的奴隶，为了别人的意见而活。别人的一句话，就可以改变他们的看法，就可以浇灭他们希望的火花。他们宁可相信别人也不愿相信自己，只要别人说不能做，他们就不会做，如此就将自己的命运完全交给了别人。

这些人通常都缺乏自我意识，太在意别人的话，似乎别人说的就是金科玉律。可是要知道的是，有些人只是喜欢不负责任地胡说八道。

人，要为自己而活。生命是自己的，痛苦是自己的，快乐是自己的，失败是自己的，成绩是自己的……你的所有一切都源自你自己。人和人本来就是不同的，即使做得再好，也不能让所有的人满意，不要太在意别人说什么。

有这样一个故事：

义青投入老禅师圆通的门下后，不仅忽视禅院的规定，不到禅堂参禅做功课，还整天躲在禅房里睡大觉。其他门徒看不惯义青的行为，纷纷向圆通禅师打小报告。

圆通接到门徒的报告后，来到义青的禅房，说："这里不是让你吃饱睡、睡足吃的地方。"

"那么，您这里除了睡觉、吃饭外，还有什么事可以做吗？"义青问。

"当然，你可以去参禅。"圆通回答。

"如果您已经'吃饱'，面对眼前的'山珍海味'还会有胃口吗？"义青用带有禅味的语意答道。

圆通听到后，虽然理解了义青话语中的禅意，但依然说："可是，其他门徒对你的所作所为有意见。"

"他们怎么议论是他们的事，跟我有什么关系？"义青回答。

他人的议论，既可以消灭一个人的意志，也可以让人重新振作精神。在生活中，智者要想把握舆论都要付出很多努力，更何况是普通人？对于我们来说，不一定要干大事、成大业，但一定要知道自己活着的意义，一定要保持清醒的头脑，走好自己的路。

人生在世，要摆正自己的位置，为自己而活，追求自我价值的实现。既不要在意他人的流言蜚语，也不要担心自我思维的偏差，要坚信自己的眼睛，坚信自己的判断；要用敏锐的眼光去透视这个世界，用心去聆听、抚摸自己多彩的人生，给自己一个富有个性的回答。

每个人对人生和世界的看法都是不同的，要达到世人眼中的标准，根本就不现实。既然走上了自己选择的道路，就要坚持走下去，不要管他人说什么！

成为自己想成为的人，做自己认为对的事，无论成功与否，都会获得一种前所未有的成就感和自我归属感。处处顾及别人的看法，只关注他人的眼光，只会让你无所适从。不妨洒脱一点，勇敢地走自己的路。

你的修养，决定你能达到的高度

如今，修养已经成为一个时髦、攻击力强的词语。一句“真没修养”，如同“耍流氓”一样，具备很大的杀伤力。所谓修养，就是一个人的心灵耕耘、性情的陶冶。一个人的修养程度，决定了他以后的事业高度。而没有修养的人，难成大器。层次越高的人，越需要加强修养。

这是一个只要努力就能有回报的时代。

网上曾出现过这样一则短文：“多读书养才气，慎言行养清气，重情谊养人气，能忍辱养大气，温处世养和气，讲责任养贤气，系苍生养底气，淡名利养正气，不媚俗养骨气，敢作为养浩气。”这则短文的意思是：气度是一个人的内在修养，虽然看不见、摸不着，但我们却能感受到。有气度的人，必然是谦虚的、大气的；而一个人的气度，完全决定着他拥有怎样的人生。

公司董事长要为重要部门挑一个经理人选，虽然应征的人很多，却没有一个能通过董事长的“考试”。

这天，一个三十多岁的博士来应征，董事长通知他凌晨三点到家里面试。博士在约定的时间去按董事长家的门铃，可是没有人开门。博士觉得很奇怪，但还是等着。到了八点，董事长才打开门。

坐下后，董事长问他：“你会写字吗？”

年轻人回答“会”。

董事长拿出一张白纸，说：“请写个白天的‘白’。”

年轻人按要求写完，却没有等到下一题，疑惑地问：“就这样吗？”

董事长静静地看着他，回答：“对！”

年轻人感到莫名其妙，之后就告辞了。

第二天，董事长在董事会上宣布，年轻人通过了这项严格的考试。他说：“一个博士毕业的年轻人，足够聪明、学识丰富，所以我对他的牺牲精神做了考察，我让他半夜三点来面试，他按时到达；为了考察他的忍耐力和脾气，我让他空等五个小时，他也做到了，并且没发火；最后，为了看看他是否谦虚，我让他写连小学生都会写的字，他也愿意。这位年轻人不仅有学识和学历，还有牺牲精神、忍耐力和好脾气，还是谦虚、德才兼备的人，不用他用谁？”

气度是一个人成功的主要因素，这位博士正是因为有着不一般的气度，才被董事长立刻任命。

有气度的人，可以忍人所不能忍，容他人所不能容。就像苏轼在《留侯论》中说的：“古之所谓豪杰之士者，必有过人之节，人情有所不能忍者。”有气度的人通常都有着坦然的心境，无论遇到顺境还是困境，都会同样努力，从来都不会得意忘形，更不会怨天尤人。

王然与一位老总谈业务，午餐时在酒店点了菜品，老总指着雅座中的酒水说：“请随意饮用，我们不劝酒。”王然知道，很多南方商人商务会餐时都不会饮酒，便客随主便，草草用饭。

席间，服务员端来一道特色菜，老总礼貌地说："谢谢，我们不需要菜了。"

服务员解释说："这道菜是我们酒店免费赠送给你的。"

老总依然微笑回答说："免费的我们也不要，吃不了，浪费。"

吃完饭后，老总将吃剩下的菜打包，驱车载着王然出了酒店。

一路上，老总都将车子开得很慢，目光看向外面，似乎在寻找什么，王然感到很纳闷。突然，车子停了下来，老总拿起打包的食物，走到一位乞丐跟前，双手将那包食物递给乞丐。

看到老总用自己的双手将食物递给乞丐的一刹那，王然瞬时泪奔。这是何等的修养？午餐不饮酒是对工作负责；不接受赠菜，是杜绝浪费；将剩余饭菜给乞丐，是充满爱心；而双手递食物给乞丐，则是对别人最崇高的尊重。具备了如此素质的人，事业怎么能不做大？

如今，有无修养成了评判一个人的重要标准。雨果说："世界上最辽阔的是大海，比大海更辽阔的是天空，比天空更辽阔的是人的胸怀。"雨果所说的人，正是指那些富有博爱之心的人。"博爱"是一种情操，更是一种修养。只有具有博爱之心，才能真正懂得善待自己、善待他人，生活才会充满欢乐、充满阳光。

大智慧者会不动声色给人台阶下

面对谎言，不要刻意戳穿，这既可以减少对他人的伤害，又可以保住他人的面子。很多时候，明知道对方所做之事欠妥，也不要当面指责，不妨暂时以沉默的方式给对方留个台阶，这反而能更快更好地解决人与人之间的问题。

有一位女老师曾遇到过这样一件事：下课了，赵晓雅同学向老师反映，她的电子词典本来装在书包里，现在却不翼而飞了，那个电子词典是崭新的，是前天舅舅送给她的生日礼物。老师巡视了一下全班同学，发现坐在赵晓雅旁边的男生神情惊慌失措，面色苍白。这位女老师一切都明白了，但如果当面指出，不仅没有证据，还会伤害这位同学。于是，她想了想，安慰赵晓雅同学说："别着急，肯定是哪位同学拿错了，咱们班相同的电子词典实在太多了，互相拿来拿去是经常发生的事。只要他看清楚了，一定会还给你的。"果然，午饭之后，赵晓雅就从自己的书包里发现了失而复得的电子词典。

人都有因一时冲动而做错事、说错话的时候，如果以牙还牙，或者不留余地地当面指出来，只会使事态变得更严重。不妨在适当的时候保持沉默，给对方一个台阶下，使他由于愧疚，自动改正错误，无形间达到说服的目的。

在广州的一家五星级酒店，一位外宾吃完最后一道菜肴，顺手就把精美的景泰蓝筷子悄悄地插进了自己西服的贴身口袋里。这一幕正巧被服务员看在眼里。她不动声色地迎上前去，双手捧着一个装有一双景泰蓝筷子的小盒子，对这位外宾说："我发现先生在用餐时，对我国景泰蓝筷子爱不释手，非常感谢您对这种精细工艺品的赏识，您的赏识也是对我们工作的褒奖。为了表达我们的感激之情，经餐饮部主管批准，我代表酒店，将这双质地精良、图案精美，已经经过严格消毒的景泰蓝筷子送给您，并按照酒店的'优惠价格'记在您的账上，您看好吗？"这位外宾自然听出了服务小姐的言外之意，在表示了一番谢意后，他以自己多喝了两杯，头脑发晕，误将筷子当钢笔插入了口袋为借口，取出口袋里的筷子，恭恭敬敬地放回桌上，借此下了"台阶"。

为了保全面子，多数人做错事以后都会用谎言寻找各种借口。这时如果不讲究方式，直言相对，只会使事态变得更糟糕。而如果以沉默应之，给对方留个面子，他也会对你的口下留情深表感激。那样，你得到的不仅是自己的成功，还有别人对你的尊敬。

一位女顾客从一家商场自作主张为丈夫买了一套西装。她把衣服带回家，她丈夫穿了一天之后发觉很不喜欢。于是这位女顾客将衣服干洗过后来退货。当售货员询问是否穿过时，她坚持说"绝对没穿过"。售货员检查了外衣，发现有明显干洗过的痕迹。她琢磨着，如果直截了当向顾客说明这一点，顾客是绝不会轻易承认的，因为她先前已经说"绝对没穿过"，而且精心伪装了穿过的痕迹。于是，机灵的售货员绕过直接指出这一途径，向女顾客说道："我很想知道您家的某位成员是否把这件衣服错送到干洗店去洗过了：我记得不久前我也有过相同的经历，我把一件新买的衣服和其他衣服一起堆放在沙发上，结果我丈夫没注意，把这件新衣服和一大堆脏衣服一股脑儿地塞进洗衣机。我想您是否也会遇到这种情况，因为这件衣服的确有已经被洗过的痕迹。"顾客知道无可辩驳，而售货员又为她的错误准备好了借口，顾及了她的面子，于是她顺水推舟，乖乖地收起衣服离开了商场，一场可能的争吵就这样避免了。

人们通常会为谎言寻找各种借口，在面对这些借口掩盖下的谎言时，应对方式有很多。如果你是一个善于交际的人，就会明白，在众多处理别人谎言的方式中，直接戳穿并不是高明的办法；有时候，沉默反而会收到不错的效果。沉默并不只是不说话，用一种委婉的方式来表达你的意思也是沉默的一种，这种方式在显示自己有礼的同时，也不伤他人的脸面，从而使对方对你心存感激，这显然要比大吵大闹或据理力争更能达到良好的效果。

受得了委屈，才能撑得起成功

人生在世，很多事情都无法做到两全，既想跟人和睦相处，又无法面对误解，关系怎么会好？既想做出成绩，又不想挨批评，领导说两句都受不了，能成什么事？只有受得了委屈，才能将事情做好，才能实现目标。像炮仗一样一点就炸，像木棍一样一折就断，无异于自降身价、自寻死路。

2017 年的五一假期，赵君的同学打来电话，说要给出生不久的孩子过百岁，请关系不错的同学亲戚聚聚。在这一天，赵君认识了同学的小舅子。他马上要大学毕业，急着找工作，让亲朋好友们帮着看看，众人纷纷点头。

同学介绍赵君跟小舅子认识后，他们就有了一些联系。男孩很谦虚，总会问一些关于应聘、工作的事，赵君自认比他多在社会上摸爬滚打了两年，便将一些自认为是经验的东西告诉他。后来，男孩找到工作。可是，就在大家为男孩感到高兴的时候，男孩突然给赵君打来电话，说他辞职了。

从入职到辞职，他才工作了四个月，什么都没学会就不干了，赵君惊讶于男孩的太武断。说不干就不干，真是！现在找工作多难！

赵君问他究竟是怎么回事？男孩说，他受不了老板的咆哮：他们老板脾气特大，每次只要员工出了问题，就会将人叫到办公室大骂一通。一人在里面挨骂，外面的人都能听见。上个星期，他将公司的一个客户搞丢了，老板知道后，骂了他一通，很难听，他受不了，就摔门而出，最后辞职了。

赵君哑然！老板骂了你，就辞职，也太牛了。老板之所以要骂你，多半是你出了问题，即使不是什么影响大局的失误，但依然会影响到公司利益。虽然说领导骂人确实不值得提倡，可是你既然做错了，还不让人家严厉批评几句？连这点委屈都受不了，还怎么在职场混？

忍耐是一种理智，更是一种成熟的标志。既然想成功，就不要怕受委屈。人生之路不好走，该低头时要低头，该忍耐时要忍耐。只有能屈能伸，内心才会更坚韧；只有受得了委屈，才能成就大事业。

电视剧《我的前半生》中的很多职场桥段让人感同身受。

罗子君跟丈夫离婚，为了争夺孩子的抚养权，不得不重回到职场，最让人敬佩的是她对“委屈”的处理和遇事的冷静。罗子君应聘到一家高端奢侈品店做销售，结果遇到了同学米雪儿。过去，米雪儿很妒忌罗子君的阔太太生活，看到她现在要蹲下身子为自己服务，优越感尽显，一阵冷嘲热讽。可是，罗子君没有反唇相讥，反而平心静气地奉承同学为“阔太”，结果卖给她一双价格很高的鞋。

没过多长时间，前夫带着新老婆无意中来到他们门店。情敌相见分外眼红，可是罗子君却忍下了心中的愤恨，利用前夫的愧疚心理又交易了一笔大单。同事觉得不可思议，她却轻松地说：“给他们摆脸色，什么都得不到，笑脸相迎反而还能卖出去两双鞋。”

罗子君的“忍”功，确实令人佩服。一个是往日妒忌自己的老同学，一个是抛弃自己的前夫，遇到这种情景，相信大多人都会备感委屈，不敢见人。可是，罗子君却用平和的心态，为自己打了一场翻身仗。因为她知道，业绩才是最重要的，抱怨痛哭并不能当饭吃。她用自己的方式告诉我们：每次委屈都是一次成长，只要你内心坚定，完全可以将坏事变成好事。

任何人都会因被人误解而感到委屈，可咆哮大喊、痛哭流涕有什么用？是能让你把工作做好，还是能让你赢得好人缘？面对各种困境，善于“忍受”是一种能力，而能在“委屈”中忍辱拼搏更是一种绝佳的能力。

某公司总部开会，共三天。

第一天，销售总经理通报了各分部的月度销售数据，领导听到数据，抬头便对坐在自己对面的分公司销售部经理周海大骂，足足骂了近一个小时。周海脸涨得通红，一句话也不说，心想，自己负责的地区业绩也不是太差，怎么回事？可能是因为坐在了领导对面。

第二天，周海吸取了前一天的教训，便偷偷地坐到领导背后，觉得这个位置比较安全。没想到，财务通报财务指标时，周海所在的分公司盈利情况欠佳，领导想骂人，却找不到周海，扭头发现他“躲”在自己身后，顿时火冒三丈，骂得更难听了。

第三天，进行议题讨论。周海松了口气，谨慎地坐到靠近窗户的位置。这个位置，从领导的角度，不容易看到。狗血的是，领导做会议总结时又提到了他，目光扫了一遍找不到人：“业绩这么差，开会还躲来躲去，滚出来！”周海小心翼翼地往前面挪了挪，结果又是一场惊天地、泣鬼神的大骂。

会议后，周海吸取教训，立刻投入了紧张的工作。第二个月，各项指标都有所改善。

工作中，谁不会受委屈？谁不是一边挨骂一边成长？虽然被人痛骂或诋毁，确实很尴尬，但也应该先反思一下自己，是不是自身确实存在不足和缺失。

曾国藩曾言：“受不得屈，成不得事。”凡能成大事的，多半都在之前受了很多委屈。既然想让自己做个成功者，那就要好好练练“忍”功。当你的认知超过其他人时，就能将事情的结果把握在自己手中，也就不会感到委屈了，胜利也就会属于你。

原谅向你“负荆请罪”的人

作为一种备受古今中外圣贤和平民推崇和践行的品质，“宽容”有着独特的魅力和非凡的作用。

我国就有着不少流传千古的有关宽容的佳话，司马迁的《史记》中记载的《廉颇与蔺相如列传》就是一个典型的关于宽容的典故。

公元前 279 年，秦昭襄王使计请赵惠文王上渑池跟他相会。赵惠文王知道秦昭襄王叫他过去必然不怀好意，又担心会被秦国扣留，所以不敢去。但属下的大将廉颇和蔺相如都认为如果不赴约前往的话，就会被秦国看不起，更担心秦国会以此为由挑起事端，无奈，赵惠文王只得前去赴约。他让蔺相如跟着他一同前往，并让大将军廉颇留在本国辅助太子。

临行前，廉颇对赵惠文王说：“大王您远赴秦国，谁也不敢断定到底是凶是吉。老臣算了一下，路上来来回回的时间，加上赴会时的两三天，最多也超不过三十天，假如大王您过了三十天还没有回来的话，可不可以立太子为国君，好叫秦国死了心，也就不会要挟大王了？”赵惠文王答应了。

约会的时间很快就到了，秦昭襄王和赵惠文王在渑池相会，两人一边喝酒一边闲聊。没想到，秦昭襄王才喝了几盅酒就对赵惠文王提出用瑟给他弹曲儿听的要求。迫于秦昭襄王的威严，赵惠文王只得乖乖地给他弹了个曲儿。得意扬扬的秦昭襄王叫秦国的史官把这件事记下来，史官就一边写一边念着说："某年某月某日，秦王和赵王在渑池相会，赵王给秦王弹瑟。"

这时，一直立在一旁不语的蔺相如突然带着瓦缶迅速地跑到秦昭襄王跟前说："赵王邀请秦王为他击缶。"秦昭襄王听了后非常生气，拒绝了蔺相如的要求。

蔺相如见秦昭襄王不答应，就接着说："假如大王您不肯敲的话，那么，在五步之内我就可以把我的血溅到大王身上去！"

秦昭襄王听了蔺相如这句话有点害怕了，便只好敲了一下瓦缶。蔺相如趁机回头叫赵国的史官把这件事记下来，说："某年某月某日，赵王和秦王在渑池相会，秦王给赵王击缶。"

赵惠文王回到自己国家的时候，刚好用了三十天。从此以后，他对蔺相如更加信任，蔺相如此后一路平步青云，被赵惠文王提拔为相国，位在廉颇之上，这引起了大将廉颇的忌妒与不满。廉颇气呼呼地对自己的门客们说："我拼命替赵国打仗，立下了无数功劳，蔺相如不过是一个宦官手下的人，仅仅靠着一张嘴，竟然爬到我的头上来了！"于是，廉颇扬言要当面羞辱蔺相如。蔺相如听说后就假装生病，不去上朝。

廉颇还设法处处与蔺相如作对，不过蔺相如并没有因此与廉颇针锋相对，而是尽量回避、容忍，不与廉颇发生正面冲突。

有一天，一群随从跟着蔺相如出门，老远就看见廉颇的车马从对面过来，蔺相如赶紧叫赶车的退到一边躲避一下，让廉颇的车马先过去。蔺相如的做法让他属下的门客们都非常气愤，他们对蔺相如说："我们这些人远离家乡，投奔在您的门下，是敬仰您。如今您和廉颇同朝共事，却由于害怕他而躲躲藏藏的。如果您这样的话，我们只好告辞了！"

蔺相如反问道："廉将军跟秦王哪一个势力大？"

门客们回答说："那当然是秦王的势力大。"

蔺相如接着说："为了赵国，我敢在秦国当面责备秦王，难道我还会害怕不如秦王的廉将军吗？"大家觉得蔺相如的话很有道理，不禁连连点头。蔺相如又接着说："秦国为什么不来侵犯我们赵国呢？还不是因为文官有我、武将有廉颇吗？而我对廉将军容忍、退让，是把国家的危难放在前面，把个人的私仇放在后面啊！你们好好想一想，到底是国家的安危要紧呢，还是私人的恩怨要紧呢？"

过了不久，赵国的名士虞卿把蔺相如对门客所说的这一番话对廉颇说了一遍。廉颇面对蔺相如如此宽宏大量的胸怀不禁深感惭愧、无地自容。他脱下官袍，赤裸着上身，背着荆条跑到蔺相如的府上去请罪。廉颇跪在蔺相如面前，羞愧地说："我处处为难相国，而相国您居然还这么容忍我、谦让我，实在是让我惭愧，没有脸来见您，请您处罚我吧！"

蔺相如也连忙跪下，说："廉将军请起！您是我们赵国的大功臣。您能体谅我，我已经感激万分了，怎么还能让您来给我认错呢？"

从此以后，廉颇和蔺相如两个人成了好朋友，给世人留下了"将相和"的千古美谈，而"负荆请罪"的成语也是从这个故事中来的。

对于廉颇过分的言行举止，蔺相如没有小肚鸡肠跟他计较，而是以宽阔的胸襟去宽容他、忍让他，才使老将廉颇知错就改、负荆请罪，从而维护了赵国的安定和团结。

拥有一个品行高尚的好朋友，会给我们增加一种自省的力量，而品行里一定要有宽容。一个懂得宽容的朋友会让我们认识到自己的缺点和弊病，从而不至于让我们继续堕落、迷失方向或放纵自己。如果你想要结交一些知心的好朋友，也必须学会宽容他人。当别人犯了错误，做了一些让你感到不快的事情而向你道歉时，不要急着拒绝别人的歉意，因为有时候最让人们内心受不了的，就是一个人在忏悔的时候却没能够得到他人的原谅。学着原谅他人，宽恕他人，既能让别人忏悔的心得到解脱，也能让自己一身轻松，所以说，宽容他人，就等于是善待他人、善待自己，既然如此，又何乐而不为呢?

给别人留余地就是给自己留退路

一个星期天的早上，麦克匆匆忙忙赶去城里买东西。因为马上就要过圣诞节了，对他来说这可是个非常值得庆祝的节日。他要到城里去为同学们买圣诞礼物，同时他也想为大学的专业课找几本有帮助的书。那天麦克起了大早，他乘早班车很快就到了城里，由于他动作迅捷，所以当中午十二点的钟声刚敲过不久，麦克就已经把要买的东西全都买得差不多了。麦克看着自己手上拎着的满满一大包的东西，想象着同学们拿到这些礼物时高兴的样子，他疲惫的脸上不禁洋溢着灿烂的笑容。麦克不怎么喜欢城市里拥挤的交通和嘈杂的吵闹声，他想要尽快回到学校去，因为他和女朋友晚上还有个约会。于是，麦克叫了一辆出租汽车去火车站。

虽然麦克本来没有打算坐出租车的想法，但那天为了能够及时赶上下午三点半的火车，他也只有这么做了。没想到半路上碰上交通堵塞，等他匆忙赶到火车站时，那趟车刚好在他眼前慢慢开动了。

无奈之下，麦克只好在火车站再待上一个小时，等着坐下一趟车。等车的时间很无聊，麦克买了份报纸，他一边读着报纸一边漫步走进车站的候车室。由于火车刚刚开走，所以此时的候车室里几乎空无一人。为了打发时间，麦克又到小卖部要了一杯咖啡和一包他很喜欢的巧克力饼干。

找了一个靠窗的位置后，麦克如释重负地坐下来，之后就开始做报纸上登载的纵横填字游戏，他一向对这种游戏非常感兴趣。

没过多长时间，一个身材高大的人走过来坐到他的旁边。麦克现在已经不记得这个人有什么特别的地方了，只记得当时他穿一身颜色暗淡的衣服，并随身携带了一个公文包。

麦克没有和他说任何话，继续边喝咖啡边专心致志地做报纸上的填字游戏。忽然，麦克意识到刚刚坐在自己身边的那个人居然把手伸过来，无所顾忌地打开他刚买的那包巧克力饼干，取出一块来在咖啡里蘸了一下就送进嘴里。麦克简直不敢相信自己的眼睛，他吃惊得说不出话来。

不过麦克并没有回过头来质问那个人，他虽然一向脾气不太好，不过这次他还不想大惊小怪，不就是几块饼干吗？让他吃吧。麦克不想惹麻烦，学校里还有更重要的事情等着他呢。他决定对此事置之不理，接着，麦克自己也开始吃起饼干来。他吃了一块饼干后，又喝了一口咖啡，然后继续做他还未完成的填字游戏。

等到身旁这个人再伸出手去拿饼干时，麦克既没抬头也没吱声，他佯装对游戏特别感兴趣，仿佛没有看到自己的饼干被偷吃了一样。过了几分钟，麦克就当一切都没有发生一样伸出手去，当拿起最后一块饼干时，他忍不住抬起头来瞥了那人一眼。没想到，身边的这个人也正奇怪地看着麦克。

麦克有点不自然地把最后一块饼干放进嘴里，为了不至于让彼此太尴尬，麦克决定离开。然而正当他准备站起身走开的时候，身旁那个人突然把椅子往后一推，站起来匆匆走了。这让麦克感到如释重负，顿时轻松了很多，他准备坐几分钟再走。于是，麦克从容地喝完杯子里的咖啡，然后折好报纸站起身来准备离开。就在这时，麦克突然发现，就在桌上原来放报纸的地方，原封不动地摆着他自己的那包巧克力饼干。

原来麦克刚才由于看报纸太过认真了，他吃的竟是那个人的饼干！刚才喝的咖啡马上都变成淋漓的大汗从他后背流了出来。幸好他刚才没有为了那么一包饼干而发作，否则结局将会使他更加尴尬。他本以为是自己宽恕了别人，想不到事实上竟然是别人宽恕了自己的小小错误。

宽恕别人，其实就是宽恕我们自己。多一点对别人的宽恕，我们的生命中就多了一点和谐，少了一些不快。当别人犯下很多看似无法原谅的错误时，我们也不要只顾着大发雷霆，一定要对别人严惩不贷，要多站在别人的角度上考虑考虑，也重新审视一下自己，看看自己是否也有不妥之处。毕竟，每个人犯错误都是有原因的，有一个哲理故事正可以说明这一点。

一位十六岁的少年去拜访一位年长的智者。

少年问："我如何才能变成一个自己快乐、也能够给别人带来快乐的人呢？"

智者笑着望着他说："孩子，在你这个年龄有这样的愿望，已经是很难得了。很多比你年长得多的人，从他们问的问题本身就可以看出，不管给他们作多少解释，都不可能让他们明白真正重要的道理，就只好让他们那样好了。"

少年满怀虔诚地听着，脸上没有流露出丝毫的得意之色。

智者接着说："我送给你四句话。第一句话是，把自己当成别人。你能说说这句话的含义吗？"

少年回答说："是不是说，在别人犯了错误的时候，我就把自己当成是别人，站在别人的角度上重新审视一下这个问题，我对别人的痛恨就减轻了，别人的自责也就相对减少了？”

智者微微点头，接着说：“第二句话，把别人当成自己。”

少年沉思了一会儿，说：“这样就可以真正宽恕别人的过错，理解别人做事的目的，并且在别人需要的时候给予恰当的帮助？”

智者两眼发光，继续说道：“第三句话，把别人当成别人。”

少年说：“这句话的意思是不是说，要充分地尊重每个人的独立性，在任何情形下都不可侵犯他人的核心领地，不做有损他人、让他人无法忍受的事情？”

智者哈哈大笑：“很好，很好。孺子可教也！第四句话是，把自己当成自己。这句话理解起来太难了，留着你以后慢慢品味吧。”

少年说：“这句话的含义，我一时体会不到，但这四句话之间就有许多自相矛盾之处，我用什么才能把它们统一起来呢？”

智者说：“很简单，用一生的时间和精力。”

少年沉默了很久，然后叩首告别。

后来少年变成了壮年，又变成了老人。再后来，在他离开这个世界很久以后，人们都还时时提到他的名字。人们都说他是一位智者，因为他是一个能给人带来快乐的人，对于那些在他面前犯错的人他并不耿耿于怀，而是给予他们谆谆教诲，让他们改过自新。他这一生中深深记得当年智者所赠给他的那几句话：把自己当成别人；把别人当成自己；把别人当成别人；把自己当成自己。宽恕别人的过错就等于是宽恕自己的过错。在这个世界上，快乐不是建立在别人的行为之上的，而是自己给自己的。深谙此理，并努力使自己拥有一个良好的心态，不但能使自己过得很快乐，也能给其他人带来快乐。

愤怒的烈焰会灼伤自己

莎士比亚说过："愤怒的烈焰会灼伤自己。"

假如有一个让你极度仇恨的人做了让你气愤不已的事情，你可以把他从你的朋友名单里拉入黑名单，但是千万不要试图以牙还牙去报复他，因为这样做可能会为你带来更大的伤害。要知道，一个心怀仇恨的人就等于是把自身置于烈火之上，当你报复了对手的时候，自己也被这仇恨的烈焰灼伤了。

有一位年轻人，名字叫吉姆，由于战乱，他逃到了瑞典，为了生存，他急于找到一份工作。想来想去，他决定找一家进出口公司的文书工作，因为他比较有语言天赋，会说好几种语言。

然而，令他感到失望的是，几乎每一家公司给他的回复都是一样的，由于战争的缘故，这些公司还没有招聘员工的想法，只不过他们会将他的求职资料存底。在这些公司的回复中，只有一封与众不同的信，上面这样说道："你根本就不了解我们的公司，看来你是一个又笨又愚钝的人，我并不需要文书，就算是需要的话，我又怎么可能需要一个像你这样的文书呢？你连瑞典文字都学得这么糟糕，你的这封信简直就是错误连篇。”

吉姆看到这封回信时，气愤得直跳脚。他把信团成一团，狠狠地扔进垃圾筐里。真是岂有此理！自己学了那么长时间的瑞典文字，那个人居然毫不留情地讽刺他不懂瑞典文字！看看那个人的回信吧，满纸都是不雅的语言和文法的错误！吉姆气得在屋子里走来走去。突然，他停下脚步来，他决定要写一封回信，让对方看到后足以火冒三丈，不然实在是无法平息自己心中的愤怒。正当他要动笔写信的时候，却又突然停了下来，他似乎冷静了一些：等一下，我这样做对我自己有什么好处呢？让他气愤不已，对我自己又有什么益处呢？我又怎么知道他说的话一定是错误的呢？他是一个瑞典人，而我只是学过瑞典文字，那是他的第一语言不是我的第一语言啊，也许我犯了连自己都不知道的文法错误呢！假如真是这样的话，那我倒是的确应该加强对瑞典文字的学习。虽然这个人的本意并不是这样的，但他也很可能帮了我一个忙。他在信里的语言缺乏修养，但我不能跟他一般见识，总之，这也算是一种收获吧。

于是，吉姆开始动笔写回信了，但内容里却没有一点怨愤与仇恨的意味，他这样写道：“您那么忙，而且您原本并没有想要一个文书的打算，但您却仍然在百忙之中抽出时间来不厌其烦地给我写了这封回信，我为此感动不已。对贵公司没能有正确的理解，我感到非常抱歉。我之所以写那封信，是因为我听说您是这一行了不起的人物。我真的不知道我的那封信居然还犯了文法上的错误，为此，我很惭愧也很抱歉。我会再接再厉学好瑞典文字的，非常感谢您指出了我的不足之处。”

这封信寄出去后，没过多长时间，吉姆就收到了对方的回信，在信中，那个人居然诚恳地邀请吉姆去他的办公室面谈。吉姆按照预定的时间准时赴约，并获得了一份工作。

如果当时吉姆没有控制住自己的情绪，任凭仇恨的烈焰熊熊燃烧，那么他就不可能找到这份工作，更不可能认识到自己的缺点和不足。也许，得罪了那个在这一行大有声望的人之后，吉姆也就永远都不能指望继续在这一行混下去了。

愤怒与仇恨就像物理学中力的相互作用一样，达到一定的程度后，既会伤害别人也会伤害自己，使自己很容易就会变得容颜衰老，脸生皱纹。这样的人，再好的整形医生也会束手无策。

愤怒与仇恨不但会伤害自己的容颜，也会消磨自己的精神，损伤自己的身体。有一位饭店的老板，由于和厨师意见不合，两人闹了点小矛盾，虽然众人力劝，但也未得缓解。两人越吵越僵，最后，处于劣势的饭店老板竟然怒气冲冲地抓起厨房里一把锋利的砍肉刀向厨师奔去，可还没等他追上厨师就由于心力衰竭倒在地上。最后验尸报告的结果是，饭店老板由于愤怒引发了心脏病致死。

对于像饭店老板这样患有严重心脏病的人，医生总是会反复叮咛他们不管面对什么样的情况千万不要生气，因为对于心脏衰弱的人来说，一旦他们的怒气不可遏制就会有丧命的危险。

如果你的心中还有仇恨的阴影，那么，不要让自己再执迷不悟了，也不要让自己继续生活在可怕的仇恨之中。仇恨很可能使我们在伤了敌人的同时还会使自己深受其害，与其与别人一起承受巨大的损失，还不如让自己早日置身事外，以一个宽容的胸怀包容一切，看开一切。人生本来就只有短短数十年的时间，又何苦让自己在没有尽头的仇恨的烈焰之中深受煎熬而不肯自拔呢？

大格局者能产生大的感召力

作为一个领导者，能否做到宽宏大量、不计前嫌，能否做到既往不咎地选贤任能，是其能否取得成功的关键因素。

一个领导者的心胸有多宽，他的事业也就能够取得多大的成就。作为一名领导者，最重要的是在决定做任何事情之前，都不可拘泥于眼前的枝节小事，凡事都要站得高，看得远，从大局出发，谋长远利益。

有一个玻璃制造商，名叫爱德华·利伯，他拥有一家规模不算太大的企业，即新英格兰玻璃公司。事业心非常强的利伯与其他所有玻璃制造商一样，都一心渴望着能将自己的公司发展壮大，使其成为美国玻璃制造业的巨擘。

迈克尔·欧文斯是该玻璃公司的一名普通工人，同时也是当地非常有声望的工会领导人之一。欧文斯在一次罢工运动中曾极力鼓动工人反对利伯，他们提出严重的抗议，要求增加薪水，还要求将工时缩短并改善工作条件。经过这次罢工之后，利伯不得不把公司迁往另一个城市，然而利伯在把公司迁走时，非但没有开除欧文斯，反而还把他和少数工人一起带到新厂的所在地，并重用欧文斯。

原来，欧文斯曾在罢工期间代表工会与利伯进行过谈判。就在双方讨论激烈的时候，利伯发现欧文斯为人不仅血气方刚、敢作敢当，同时还是一个在玻璃生产和技术改进革新方面难得一遇的天才。欧文斯除了要求利伯改善职工待遇之外，还毫不留情地批评了利伯在生产管理、技术革新等方面存在的问题。利伯认为，欧文斯对制造工艺非常熟悉，对某些问题也有自己独到的见解，所以，他不但没有因为欧文斯带领工人与自己作对而对他怀恨在心，反而还引起了他的爱才之心。因此，利伯在公司搬迁的时候，特意带上了欧文斯。

到了新的地方之后，利伯打算重新开始自己的事业。他很重视发挥欧文斯的才干，由于他能够做到不计前嫌、宽宏大度，这使欧文斯很受感动，从此，他们两人开始了真诚的合作。三个月后，才华横溢的欧文斯向利伯提出了一系列的建议，并得到了利伯的全部采纳。根据这些建议，公司制定了很多相关措施，这使公司大受裨益，利伯也因此对欧文斯更加赏识，还提拔他担任了部门的监工。两年之后，利伯再次提升欧文斯担任公司业务部门的主管。

两个曾经在谈判桌上针锋相对、唇枪舌剑的对手，就这样变成了一对亲密无间的合作伙伴。从那以后，利伯一直竭尽全力在各方面支持欧文斯对玻璃制造工艺的改进。而欧文斯也很为公司拼命，他一次又一次地改进玻璃生产技术，进行了多次成功的技术革新，从而使利伯的公司成了闻名的大型企业。

对于现代的管理者来说，要想吸引能人，做到成功用人，就必须要有宽宏大量的胸怀，要具备宽恕反对者的素养，这样才能在自己身边聚集优秀的人才。

一个有宽大胸怀的企业家，不仅能收揽人心，还能使人心悦诚服，也使领导者自己能够心平气和地去工作，引领大家同心协力、齐头并进。同时，拥有宽容的胸怀还可以化敌为友，拓宽门路，为来日谋求更大的发展打下坚实的基础。

不但企业的领导者要懂得既往不咎、任用贤才，手握大权的人，更应该懂得以宽容为怀，选贤任能。一个人的胸襟有多大，他就能够成就多大的事业。纵观古今中外，无数事实都证明，无论是取天下，还是治天下，领导者都必须能够心容天下。只有心胸开阔之人才能成就一番伟业。

被称为政坛“常青树”的加拿大总理让·克雷蒂安，出生于平民家庭。他其貌不扬，一耳失聪，甚至连英语也说不好，然而就是这样一个小人物，却能在政坛上平步青云，三度登上总理宝座而屹立不倒。

克雷蒂安成功的原因之一在于他平时总是注意多结交朋友而不多树敌。1993 年，保守党在大选中惨败，坎贝尔原本是保守党的总理，他在失去总理宝座后难辞其咎，被迫辞去自己在保守党内的职位。然而，在此次竞选中赢得了胜利的克雷蒂安却给这位丢掉了乌纱帽的昔日对手提供了一个栖身之地——为他拨了一间办公室和一个秘书，让他悠闲自在地整理文件。一年后，克雷蒂安又给失业的坎贝尔提供了可任选其一的两个职位：一个是驻俄国大使，一个是驻洛杉矶总领事。坎贝尔选择了后者，凭着这份部长级待遇的工作，坎贝尔一年可以领到 12 万加元的薪水。就是因为克雷蒂安以过人的容人之量把宿敌化为了自己的朋友，使他得到了很多人的大力支持，从而三度稳坐总理宝座。

我国古代著名思想家韩非子在他的《大体》一章中以天地、山海做比喻，以说明君主的心胸要像天地一样宽广，才能包容万物。韩非子主张，作为君主，对人对事，都要像山海一样“不立好恶”“不择小助”，一切从国家的利益出发，只要是对国家有用、有利的人和事，都要容纳和接受。君主不应该因为自己的一时愤怒而加害臣民，臣民也不应该因为心中的怨恨而谋害君主。君主和臣民如果都能有这样宽广的胸怀和伟大的气魄，就能做到上下协调一致，从而达到国家大治的最高境界。

胸怀有多大，世界就有多大

一个人的心有多大，他的世界就会有多大。

林肯是一个一向以宽容为怀的人，他在当选美国第 16 任总统时，有很多议员都对他议论纷纷，很不满意，原因是他的父亲只是个普普通通的鞋匠，议员们很瞧不起他，都用异样的眼光来看他。

在竞选中，一位议员甚至以一副非常不屑的口吻对林肯说："一个鞋匠的儿子也配做总统？"本来在场的所有人都以为林肯当时会勃然大怒、大发雷霆，但是让大家感到惊讶的是，林肯非但没有暴跳如雷，反而还心平气和地对众议员说："非常感谢你让我想起了我的父亲……"说完这句话之后，现场顿时响起了一片热烈的掌声，而那位议员对此则感到十分不好意思。

正是林肯的宽容大度，使他获得了大家的好感，最终他成了美国第 16 任总统。

在林肯当上总统后，南北战争爆发了，在战争初期，北方一直处于劣势，这让林肯终日坐立不安。别人对他领导能力的质疑也随之而来，很多人开始认为选举他当总统是犯下了大错，然而，林肯则对所有质疑他的人都抱以宽容的态度。可在别人看来，那几乎是一种自暴自弃的宽容，是没有一点尊严的宽容。这甚至引起了一位议员的不解，那位议员对林肯说："你不应该试图和那些人交朋友，而应该消灭他们。"

林肯却微笑着回答说："如果将他们变成我的朋友，不也就等于是在消灭自己的敌人吗？"林肯的话让那名议员哑口无言。

只要我们人人都能够拥有如大海一般的胸襟，拥有如蓝天一样的胸怀，就可以用一颗宽容的心去包容一切。如果能够做到对别人多一些宽容，公开的对手或许就会成为我们潜在的朋友。

宽容是人际关系的润滑剂，它化解了人们之间的干戈，纵观古今中外，有很多仁人志士都因为宽宏大量，将对立面的敌人变成自己队伍中的朋友。

在我国古代，有一个名叫袁盎的人，汉文帝时，他曾经在吴王刘濞的手下担任丞相一职。他手下有一名从史，人们传言这个从史与袁盎的婢女私通，袁盎在确定了这件事情之后，并没有大发雷霆，惩治那个从史，而是假装对此事一无所知。然而这事还是传到了从史的耳朵里，人们以此为据吓唬从史，那个从史害怕袁盎找他报复就畏罪逃跑了。袁盎听说从史逃跑的消息后，亲自带着随从将从史追了回来，但袁盎不但没有处罚从史，甚至还将婢女赐给了他，对他依然像以前一样器重。

到了汉景帝的时候，袁盎在朝廷担任太常的官职。有一次，朝廷派他出使吴国，碰巧吴王当时正在谋划反叛朝廷的事，就想趁机杀掉袁盎。于是，吴王派了五百人将袁盎的住所重重包围，袁盎却对此事没有丝毫察觉。碰巧袁盎曾经放过的那个从史在包围袁盎的军队中担任校尉司马，于是，他设计买来好酒，请兵卒们开怀畅饮，五百个兵卒一个个都喝得酩酊大醉，东倒西歪。从史趁机偷偷溜进袁盎的卧室，并将袁盎从睡梦中唤醒，对他说：

“趁此机会赶快逃跑吧，不然等天一亮吴王就会派人杀了你。”袁盎感到有些奇怪，就问道：“那你为什么要救我呢？”校尉司马回答说：“你不认得我了吗？我就是从前你把婢女赐给我的那个从史啊。”袁盎恍然大悟，他立即趁机逃离吴国，最终脱离了险境。

袁盎以他过人的宽厚仁德的胸怀原谅了那个从史，甚至还将自己的婢女赐给了他。正是他的这种宽广的胸怀，使那个从史对他感恩戴德、铭记在心，最终迎来了回报的机会，在关键时刻救了袁盎一命。

在一些非原则的问题上，宽容大度地对待你的敌人、你的仇家、你的对手，不小肚鸡肠、锱铢必较，以大局为重，看长远发展，把能放下的都放下，能忘掉的都忘掉，你就会得到退一步海阔天空的轻松、化干戈为玉帛的微笑以及人与人之间相互理解的喜悦。在为人处世中，不能对所有自己看不惯的人和事都不予宽容和忍让。每个人活在这个世界上都不可能永远独自前行，我们总难免在纷纷攘攘的人群中与别人有一些磕碰，也难免会产生一些矛盾，如果你什么事都跟别人计较，大动干戈，双方的仇怨就会越结越深。俗话说“多个朋友多条路”，若多了个敌人自然就等于是为自己堵死了一条路，所以，聪明人的处世之道不是冤冤相报、四处树敌，而是大度宽容，广结良友。

第四章

勇气——敢于突破心里那道墙

创新才是改变世界的力量

太习惯安逸的生活，就会丧失危机意识，失去创新能力。现实中，很多人之所以会沦为焦虑、恐惧、无知、自我欺骗的牺牲品，往往是因为缺少了创新能力。正如比尔·盖茨所说的，创新可以改变世界。缺乏创新、不思进取，注定只能与失败为伍；只有不断创新，才能成为强者、创造奇迹。

一家动物园的饲养员曾做过一个实验：

他们将一只小狗和老虎幼仔放在同一个笼子里喂养，两只小动物每天都一起玩耍、一起睡觉，亲如一家，和睦相处。刚开始的时候，小狗的个头要比幼虎稍大一些，能够控制幼虎，不仅在玩耍的时候，甚至吃饭的时候，几乎在所有情形下都以领导者和主人的姿态自居。

时间一天天过去，幼虎的个头渐渐超过了小狗，力量也大了很多，可是小老虎却依然没有挣脱小狗对它的控制。为何？因为，过去在小狗面前，它失败过很多次，小狗总会用尖利的牙齿惩罚它，这些事情都深深地留在了小老虎的记忆中，这种恐惧感直接导致了它对小狗的臣服。

最后，饲养员将小狗放到了另一个笼子里。可是，从那一天开始，小老虎就陷入了悲伤，它不想吃饭，无精打采，身体一天比一天消瘦。它无法控制自己的情绪，即使是一片树叶落到它身上，它也会异常生气；有时候，它又会摆出一副漠不关心的神情，连眼皮也懒得抬一下。

饲养员发现了问题的严重性，在两只动物分开几个星期后，又将它们重新放到一个笼子里。重逢后，它们都异常高兴，但很快，小狗就摆出了过去那种居高临下的神态。

在这个实验中，虽然老虎足以杀死十几只狗，但是由于小时候养成了臣服的习惯，因此长大后依然没摆脱这种约束力。生活中，很多人都跟这只老虎一样，对于过去发生的事物已经形成一种习惯性恐惧，不管如今发生的事物是否有伤害，只要一看到，多半还会感到胆寒。其实，很多事物对我们根本就没有什么威胁，是你的想象赋予了它力量。

总是向外界寻求帮助，只能成为弱者；认清自己的弱点，找到自己的不足，主动创造奇迹，就是强者。也就是说，依靠外界的帮助、力量、影响、提携等，是无法做出大成就的。只有抛弃附着在自己身上的恐惧感，让强大的自我抬起头来，才能重获信心，找到成功的源头。

低估自己的力量，总是羡慕其他人，或寄希望于他人的提携，无形中也就在自己的人生道路上设下了障碍。在我们的身体里蕴藏着一种力量，发现并利用它，就能让自己成为梦想中的那个人。

比尔·盖茨说过："创新可以改变世界。"西方企业界流行的一句话说："不创新，即死亡。"在科学技术日新月异的今天，最差劲的表现就是缺乏创新、不思进取。

2001 年年底的一天，季琦在网络上浏览网页的时候，发布在携程网上的一个帖子引起了他的注意。帖主抱怨：携程网上的有些酒店价格太贵，如果能有舒适卫生、价格低廉的酒店就好了……在这份抱怨贴中，季琦发现了商机。

同年，沈南鹏去美国。经过达拉斯加的时候，他发现，从郊外开车到市内虽然只有 30 分钟的车程，但公路两边居然有 30 多家低星级酒店。沈南鹏心有所悟，立刻找来相关数据：统计显示，美国经济型酒店大约有 6 万家，占酒店总数的 88%。而在中国这种酒店却很少，因为中国酒店两极分化，高档酒店价格贵，招待所虽然便宜但不卫生、不舒适。

沈南鹏和季琦的想法不谋而合，很快就有了在中国创办连锁酒店的想法，于是就有了后来的“如家快捷”。

无论是科学研究还是企业经营，要想抓住机会，就要具备一定的洞察力，懂得居安思危。

古人常说，机不可失，时不再来。浪费机会就是埋葬希望，但机会来了，真正能抓住机会者又有几个？在天赋相差不大、能力和背景也差不多的情况下，不懂创新、缺少敏锐洞察力的人，往往会与机会失之交臂。

梦想让人坚持不懈

乔布斯曾说过："那些疯狂到以为自己能改变世界的人，才能真正改变世界。"这就是梦想的力量，是梦想让人坚持不懈，是梦想让人们一次又一次造就惊人之作。科技虽然可以改变世界，但归根到底改变这个世界的却是梦想。梦想的力量是无穷的，只有怀有梦想，生活才有希望，才能不断前进。

一只小毛虫生活在山谷里，一天晚上它做了一个奇怪的梦：自己爬到一个山顶上，居然看到了整个山谷。醒来后，回忆着梦中的情景，它感到又惊奇又高兴，打算将它变成现实。

第二天，小毛虫就收拾东西，打算向山顶进发。蝗虫、蜘蛛、鼹鼠、青蛙等了解到事情的原委后，都觉得它异想天开，嘲笑它说："那座山又远又高，你是一条小毛虫，怎么能到达？对你来说，一块小石头就是一座高山，一个小水坑就是一片汪洋大海……"

听了它们的话，小毛虫没有被吓倒，而是鼓起勇气，挪动着小躯体，坚持向前爬行……可是，小毛虫爬着爬着爬不动了，它停下来休息，并用自己仅有的一点力气建成一个小窝——蛹，小毛虫“死”了。

消息不胫而走，所有的动物都跑来向小毛虫的遗体告别。突然，大家惊奇地看到：蛹裂开了，一只美丽的蝴蝶从里面飞出来，在清风的吹拂下，飞到了山顶上。重生后的小毛虫，终于实现了自己的梦想。

梦想就像一粒种子，一旦种在人们“心”中，就可以生根发芽、开花结果。梦想越远大，需要付出的努力就越多，即使达不到自己理想的状态，也能取得非凡的成就。拥有远大理想的人，定然会比一个根本没有梦想的人更有作为。

马云在一次演讲中，提到“改变世界的不是科技而是梦”。梦想的种子存在于各个领域，创业的激情在很多人身上都存在。只要怀抱梦想、敢于创业、持之以恒，就有无限可能。

梦想，不仅能激发一个人的斗志，还能使人约束自己的行为。所以，从一定意义上来说，有远大梦想的人所付出的努力一定比梦想渺小的人付出得多。梦想有多大，成功的可能性就有多大！要想做出大成就，心中就要怀有大梦想。

大学时代，雷军就树立了自己的梦想——做一家世界一流的公司。他的大学成绩相当优异，尤其是专业课，老师和同学都很欣赏他的才华：他大一时写的 PASCAL 程序，被老师选作下一版教材的示范程序；雷军是系里 20 年来拿过《汇编语言程序设计》满分成绩的仅有的两名学生之一；大三时雷军开发软件，赚到了人生的“第一桶金”，这让他对自己的梦想更加坚定。为了实现自己的梦想，雷军曾经多次创业，大学期间甚至还和同学尝试着创办了一家小公司。

大学毕业后，雷军进入中国最早也是最知名的软件公司——“金山”。在“金山”那些年，为雷军的梦想打下了坚实的基础。雷军带领团队成功地推出了众人皆知的金山快译、画王、毒霸等软件。正是雷军和团队坚持自己的梦想，才让“金山”成了当时最大的多元化民族软件企业。

2007年“金山”成功上市，雷军辞去“金山”总裁兼CEO的职位。众人疑惑不解，雷军解释说：“这是我人生梦想舞台的开始。”当时互联网发展火热，百度、阿里巴巴、腾讯等公司在互联网领域发展快速，雷军决定在这里继续他的梦想之旅。

后来，雷军成功投资了乐讯社区、UC优视、凡客诚品等，成为货真价实的优秀投资者。在20年的职业生涯中，雷军努力实现着自己的梦想。

心中没有梦想，也就没有机会，因为机会只会降临在有梦想的人身上。对梦想越渴望，成功的概率也就越大，没有什么比“有梦想”更能接近成功了。努力过后，并不是每个人的梦想都能实现，但有梦想总比没有梦要好很多。成功永远属于那些心中怀有梦想、相信梦想的人！

如果只是一直等待，那你永远没有机会

被问及为什么不行动？很多人都会以“时机没成熟”为理由，为了成功，总是在等待时机成熟，于是时间就在等待中流失了，成功的机会就在等待中错过了。有时候等待时机成熟，并不是一件明智的选择。很多事情，等到时机成熟、等到我们想做时，早已不是当初的模样了。想到，就要马上行动！

一天，一个渔民摇着自己的小船到大海中捕鱼。他一边摇船，一边仔细观察水面，因为父亲曾告诉过他，如果水面上有很多气泡，就说明水里有鱼群。突然，他发现了一片父亲曾经跟他描述过的鱼群气泡。他拿起渔网，准备撒下去，可是刚要撒网，心里却出现了疑惑：没有搞清楚水里到底有没有鱼群，怎么能胡乱撒网？

为了搞清楚水里到底有没有鱼群，渔民跳下了水。靠着熟练的游泳技术，他快速来到水下，结果发现那里确实有一个大鱼群。他立刻爬上船，将网撒了下去，快速收网。可是当他把网收上来时，渔网里连一条小鱼儿都没有。渔民搞不明白了，自己认真地撒下渔网，怎么一条鱼都没捕到？

读了这个故事，聪明的人一定能够明白：他跳下水再爬上船的时候，鱼群就受惊逃掉了。其实渔民并不需要跳下去看，只要将渔网撒下去，立刻就能搞清楚水里到底有没有鱼群。这就告诉我们，在时机还没成熟的时候，大胆地凭着感觉进行尝试，就能验证自己的感觉是否正确；等到时机成熟了再去行动，机会也就没有了。有好想法的人很多，但能够取得成功的人却非常少，区别就在于：成功者只要想到了就会去做，他们不会在犹豫和等待中错失机会。

只有立即付诸行动，才会取得成功。“不要等，想到了马上就做”，这不仅是众多跨国企业的信条，更是所有成功者的座右铭！

王工和张工在一个部门工作，两人技术实力相当，在工作中暗中竞争。这次，他们同时竞争项目总工程师职位。一次实地考察中王工发现，企业的机器设备存在一个重要的技术漏洞，而要想修补这个技术漏洞，纵观整个公司，也只有自己和张工的技术可以达到，而这时候的张工并没注意到这个问题。王工决定发挥自己的所长，将问题解决掉，为自己的竞岗赢得优势。

为了找到解决问题的方案，王工每天加班加点，既不敢让其他人知道，又要保证方案的完美无缺。一个月后，正当王工小有突破的时候，张工也发现了这个技术漏洞，并在第一时间汇报给了总部。总部指定由张工负责解决这个问题，并为此专门成立了技术小组，由张工领导。

在技术小组的努力下，不到一个星期就将这个漏洞修补了，而王工的研究成果根本没有机会公布，王工为此后悔不已。

不可否认，王工能够独立完成研究并取得突破，他的技术实力也许要超过张工，但是一个人的力量始终敌不过团队的力量，张工带领的小组最终还是超越了他。如果王工在一开始就果断地采取行动，向总部汇报，他就是项目负责人了。

过于谨慎，会因为犹豫而错过好的工作机会，错过一个优质客户，甚至会错过可以改变自己一生、使自己变得更好的良机。

立刻去做，需要面临失败的危险，而犹豫却可以给自己找到一个退缩的借口，能力强且意志坚强的人一般都不惧怕失败。在热情最高的时候，将理想付诸实施，一定不要拖延到明日，因为明日还有新的理想与决断。犹豫，不仅会使我们错失良机，还可能摧毁人的创造力。

其实，过分谨慎与缺乏自信都是低效能人士和高效能人士之间的区别。热情高涨的时候做一件事，与热情消失后做一件事，难易苦乐相差很大。热情最高的时候，做一件事情，往往会充满了乐趣，比较容易成功；热情消失后，再去做那件事，往往会变成一种痛苦，更不容易办成。

人生没有彩排，每一天都是现场直播！很多时候，很多事情，等到我们想去做的时候，已经改变了当初的模样。生活本身就是如此，习惯将等待作为借口，等到机会失去，才会让自己后悔莫及。

等待，只能导致灭亡。等待别人理解你，等待别人去做事，等待机会青睐你，最后收获的也只能是失望和消极，要告诉自己：不要等待，立刻行动！

金钱并不是最重要的

不可否认，千百年来，金钱在每个人的一生中，都起着非常重要的作用，它早就渗透到了人们衣、食、住、行的各个方面。在有的人眼里，只要有了钱，就会有一切，他们认为金钱是万能的，有了钱就必然会有幸福。然而，对于人生来说，还有比它更为重要的，譬如健康、平安、友情、亲情、爱情等。

富勒是美国的一个大富翁，他年轻时，特别渴望拥有巨大的财富，他也一直在为梦想奋斗。到 30 岁时，富勒已挣到了百万美元，他雄心勃勃想成为千万富翁。

有了财富后问题也来了：他工作得很辛苦，常感到胸痛，而且他也因为工作太忙而疏远了妻子和两个孩子。虽然他的财富在不断增加，但他的婚姻和家庭却岌岌可危。

一天在办公室，富勒心脏病突发，而他的妻子在这之前刚刚宣布打算离开他。他突然意识到自己对财富的追求已经耗费了所有他真正应该珍惜的东西，他打电话给妻子，要求见一面。当他们见面时，两个人热泪滚滚。

他们决定消除破坏他们生活的东西——他的物质财富。

他们卖掉了所有的产业，包括公司、房子、游艇，然后把收入捐给了教堂、学校和慈善机构。他的朋友都认为他疯了，但富勒从没感到有比这更清醒的时候。接下来，富勒和妻子开始投身一项伟大的事业——为美国和世界其他地方无家可归的贫民修建“人类家园”。他们的想法非常单纯：“每个在晚上困乏的人至少应该有一个简单而体面且能支付得起的地方，用来休息。”美国前总统卡特夫妇热情地支持他们，也穿上工装裤来为“人类家园”劳动。

富勒曾经的目标是拥有1000万美元家产，而现在，他的目标是为1000万人，甚至为更多人建设家园。

现代社会，很多人都把赚钱当作生命中最重要的事。他们努力工作、拼命赚钱，不惜透支身体，不惜牺牲和家人在一起的时间，不惜牺牲对孩子的关爱。对人来说，金钱真是生活中最重要的事吗？不，生活中有更重要的事需要我们投入时间和精力，金钱永远不应该被排在首位。

一位父亲下班回到家已经很晚了，他又累又烦，这时他发现5岁的儿子站在门口等他。

“我可以问你一个问题吗？”

“什么问题？”

“爸爸，你一小时可以赚多少钱？”

“这与你无关，你为什么问这个问题？”父亲生气地说。

“我只是想知道。请告诉我，你一小时赚多少钱？”小孩哀求。

“假如你一定要知道的话，我一小时赚20美元。”

“喔，”小孩低下了头，接着又说，“爸爸，可以借我10美元吗？”

父亲发怒了：“如果你只是要借钱去买玩具的话，那就给我回房间上床。

好好想想为什么你会那么自私。我每天长时间辛苦工作，没时间和你玩小孩子的游戏。”

小孩安静地回到自己房间并关上门。父亲坐下来还在生气，过了一会儿，他平静下来，想着他可能对孩子太凶了，或许孩子真的很想买什么东西，而且他平时很少要过钱。

父亲走进小孩的房间：“你睡了吗，孩子？”

“爸爸，还没，我还醒着。”小孩回答。

“我刚才可能对你太凶了，”父亲说，“我不该发脾气，这是你要的10美元。”

“爸爸，谢谢你。”小孩欢叫着从枕头下拿出一堆被弄皱的钞票，高兴地数着。

“为什么你已经有钱了还要？”父亲生气地问。

“因为在这之前不够，但我现在足够了。”小孩说，“爸爸，我现在有20美元了，我可以向你买一个小时的时间吗？明天请早一点回家——我想和你一起吃晚餐。”

许多人往往会误将金钱当成唯一的幸福去追求。确实，有了钱就可以有许多东西，就能建立一个在物质上比较富裕的家庭，也能过上较为舒适的生活。但是，如果一个人有很多钱，他的精神世界还是空虚的，那么就绝不会有幸福，有时甚至还会非常痛苦。因为，人的一生中，还有很多比金钱更为重要的东西。

保持热情，你会拥有更多

每个人的天性中都有一份热情，只是这份热情因环境、个人修养、性格等的不同而不同。只要我们懂得热情生活是幸福之源，就会学会热情生活。保持对生活的热情，就能感受生活的乐趣。活着就是幸福，你可以去发现生活的所有乐趣。睡得香甜是乐趣、与亲人团聚是乐趣、游走天涯将山水尽收眼底是乐趣、我心广博容天容地，都是乐趣！

许多人未曾想过或是不懂得幸福来自对生活的热情，热情地面对生活并不需要有多少金钱，有多少空闲时间，而在于是否能保持对生活的热情。

许多做得非常成功的事情，都是在热情的推动下完成的。培养并保持自己对生活的热情是至关重要的，相信自己从事的职业是理想的，热爱自己的生活、工作，就会变得热情四射。

热情是一种难得的可贵品质。凭借热情，我们可以释放出潜在的巨大能量，发展出一种坚强的个性；凭借热情，我们可以感染周围的朋友，让他们理解、支持你，拥有良好的人际关系；凭借热情，我们可以不断完善自己，赢得宝贵的发展机会。

热情地面对生活是一种态度、是一种美好的心情；热情地面对生活是一种快乐，只有快乐地生活才会体会到人生的哲理和幸福；热情地面对生活也是一种珍惜，因为珍惜生活才会热情地对待生活，才会珍惜生活赋予我们的一切。

有位哲人说过："永远用热情的、宝石般的火焰燃烧，并保持这种高昂的境界，这便是人生的成功。"如果我们把自己的全部热情都注入到生活中去，那么生活就会永远富于灵性，富于色彩。而我们所抱怨、所不甘的，其实都源于我们的那一份惰性——希望生活施与我们精彩和满足。人的生活内容此起彼伏，曲折坎坷。快乐与痛苦参半，有时候痛苦会更多。与其感叹或抱怨，不如拿出你的热情面对生活，为生存和生活奋斗，这个奋斗的过程，恰恰就是培养生活热情的过程。

保持对生活的热情，就会树立生活信心。面对贫困、疾病、失业、失恋、失宠、破产、一无所有，都能够不失对生活的热情，就有希望东山再起。只要生命在，就会有奇迹出现……对新生活满怀美好憧憬，热情地面对未来，珍惜来之不易的人生和生活，才会快乐或是幸福。

古往今来不少人试图对幸福理解中的一些共性加以归纳，以帮助人们找到一条通往幸福的路径。有人说："有一个称心如意的工作，有一个和工作无关的爱好，有一个能推心置腹的朋友，做到不馋、不懒、不烦，你就是一个幸福的人。"细细品味，这种说法的确有一定道理。一份称心如意的工作，获得一种可靠的谋生手段；一个与工作无关的爱好，使人精神上得以充实、能够自得其乐；一位能推心置腹的朋友，有助于获得一种可靠的社会支持。"不馋"是对生活保持一份合理的期待；不懒，通过努力得到社会的认可与回报；不烦，能够适应各种环境拥有健康的心理。拥有了这些怎能不幸福？

有时候，幸福就是一种被追求的生活；有时候，幸福就是一种被注重和需要热情燃烧的过程。其实，冷静和冷落的区别甚微；试着转换一下自己的角度，你会看到你从未曾看到过的色彩。只有时时刻刻充满热情，生活才会少几分无奈，多几分精彩。

幸福的生活是自己创造的，一个人对生活的态度决定了他的生活是否幸福。

如果你以饱满的热情投入生活，那么生活就会赋予你阳光雨露，你会在愉悦的环境下收获累累硕果；如果你以消极的态度对待生活，那么你将一直在阴霾的天空下挣扎，潮湿的心永远得不到晾晒，甚至会霉变畸形。

美国文学家爱默生曾写道："人要是没有热情是干不成大事业的。"大诗人乌尔曼也说过："年年岁岁只在你的额上留下皱纹，但你在生活中如果缺少热情，你的心灵就将布满皱纹了。"

著名大提琴家卡萨尔斯 90 岁高龄的时候，还是每天坚持练琴 4~5 小时，当乐声不断地从他的指间流出时，他俯曲的双肩又变得挺直了，他疲乏的双眼又充满了欢乐。美国堪萨斯州威尔斯维尔的莱顿直至 68 岁才开始学习绘画，她对绘画表现出极大热情，在这方面获得了惊人的成就。

人们有了热情，就能把额外的工作视作机遇，就能把陌生人变成朋友，就能真诚地宽容别人，就能爱上自己的工作，不论他们是什么头衔，或有多少权力和报酬。人们有了热情，就能充分利用余暇来完成自己的兴趣爱好。

人们有了热情，就会变得心胸宽广，抛弃怨恨，就会变得轻松愉快，甚至忘记病痛，消除心灵上的一切皱纹。

坚信自己做的事情，对自己所说所做充满热情与投入。融入信念，热情会使人光芒四射。

这种生活的热情并不是踌躇满志、跃跃欲试的。在人欲横流的今天，既保持着那份对生活的执着热爱与追求，又保持着厚重平静的心态、耐得住孤独寂寞的人，都会是幸福的人。多点宽容，多点理解，放弃虚荣，放弃那些浮世的繁华，让我们真挚热情地生活吧，成功和幸福将会伴随我们过一生！

压力是激发动力的源泉

一个生物学家向人们讲述他观察到的蚂蚁驮稻草的情形。一只蚂蚁驮着的稻草体积比它大 100 多倍，生物学家饶有兴致地看着这只蚂蚁搬动这么大的东西缓缓前行。

“然后，我看到这只蚂蚁前进的路上有一条裂缝。这条缝太宽，蚂蚁爬不过去。但不必为蚂蚁担心，它自有它的法子。它慢慢地把那根笨重的稻草横在裂缝上，然后爬到稻草上轻轻松松跨过了这条‘鸿沟’。之后，蚂蚁慢慢地把那根稻草从裂缝上拖走，继续驮着稻草赶它的路。”

末了，这位生物学家总结说：“我们以为蚂蚁驮着的是不小的担子，会妨碍它行走，实际上那也是让它能跨过‘鸿沟’的桥梁。”

虽然压力常常会为人们带来很多负面的影响，但人们依然认为有一些压力会比没有好，因为适当的压力可以让人居安思危，防患于未然；适当的压力也可以在正确的方法指引下转化为积极向上的不竭动力。

小小的蚂蚁承受着比自己体积大 100 多倍的稻草的压力，如果单纯地认为蚂蚁一定会被这样的重压压垮，那就错了。压力在正确的方法指引下会成为成功的动力，也会为成功的垫脚石。蚂蚁虽然承受着重压，但在遇到“鸿沟”的时候，压力可以成为它跨越的桥梁。

每个人内心的力量都是无法估量的，可是，在通常情况下，这种力量都处于沉睡状态，而一旦人遇到危机状况，这种潜能就会惊人地爆发出来。很多人还没有成功就是因为还没有挖掘出自己的力量。人人都需要压力，只有在强大的压力面前，我们的潜能才能得到有效地发挥，只有把压力转化为动力，我们才能不断进步，最终走向成功。

在一次火灾中，有个年龄很大的妇女居然把一个很沉的大柜子从五楼搬到楼下。火灾后，两个力气很大的男人费尽力气才勉强地把柜子搬回到原来的地方，大家都吃惊她怎么会有那么大的力气。可是，现在你再让那个妇女搬那个柜子，她却搬不动了。

在巨大压力的驱使之下，我们的体力和忍耐力都会远远超过平时。只要我们相信并且能在面对压力时开发出自己的潜能，就会产生超凡的智慧和强大的精神动力。顶级的进步常常来自顶级的压力。现在，企业之间的竞争越来越激烈，如果不能在压力下不断进步和前进，那只有面临被淘汰的命运。上班族如果想在激烈的竞争中取胜，在工作的方方面面做到精益求精，就必须学会与压力共存，化压力为前进的动力。

人们常常把对手视为眼中钉、肉中刺，恨不得让他从这个世界上消失。其实，人应该为有对手而感到庆幸，应该从心里真正地感谢对手，因为对手带来的压力常常是一个人发愤图强的原因，是勇往直前的动力，是激发旺盛斗志的源泉。

加拿大有一个非常有名的长跑教练，他曾经在很短的时间里训练出了好几个长跑冠军，很多人都想知道他训练的方法。后来，他告诉大家，他训练的秘密就在于他给队员都找了特殊的陪练——几只凶猛的狼狗。

这个教练训练时，他要求每个队员从家里出发时都要跑着过来，不允许使用任何交通工具，这就是每天训练的第一项内容。有个队员家里离训练场并不是最远的，可是他每天都是最后一个来到训练场，教练心里对他非常不满，甚至想对他说不要在这里浪费时间，还是改行去做点其他事情吧。可是令教练非常吃惊的是，有一天他居然是第一个到达的，而且比别人早来 20 多分钟，他当天的速度甚至打破了世界纪录。教练查明了原因，原来他在来的路上碰到了一只野狼，在生死存亡的紧要关头，他用尽全力拼命地往前跑，最后，竟然把那只野狼给甩掉了。教练明白了，这个队员这天超常的发挥是由于他被一只野狼追赶，在这个可怕敌人的压力下，他的潜能得到了最大程度的发挥。

教练从这个队员身上得到启示，准备用狼狗做队员的陪练，他聘请了一个驯兽师，每次队员训练的时候，就把狼狗放出来，没过多久，队员的训练成绩就有了飞速的提高。

日本的游泳运动水平在世界上是非常出色的，他们在训练队员的时候也采用了和上面相类似的办法。他们的训练方法是，在游泳馆里养了一些鳄鱼，每当队员这下水之后，教练就把鳄鱼放进游泳池里，鳄鱼一看到人立刻就会兽性大发，全力追赶运动员，虽然大家都知道鳄鱼的嘴已经被死死地缠住了，它们不可能对自己造成伤害，可是一看到鳄鱼的凶恶之相，还是出自本能地拼命往前游。

加拿大和日本的教练都明白一个道理，敌人能让人发挥出巨大的能量，创造出令人震惊的成绩，特别是自己的生命遭到敌人的威胁时。因为你明白，敌人就在你的身后追赶你，只要你稍有松懈，你的生命就有威胁。

想要成功的人需要在压力下，不断学习、不断进取。如果你停止了学习和进取，那你很快就会被社会给抛弃。

在竞争激烈的现代社会，你必须一直保持危机意识，把压力转化为动力，不断学习，奋力进取，这样才不会落伍，不会被淘汰。压力是把双刃剑，它既有好的一面，也有坏的一面，如果你能在压力中寻找到动力，那么压力就是一件好事，它能为你带来源源不断的动力，帮你完成任何你想做的事情，让你走向成功，创造辉煌的人生。

压力是我们做事情的动力，我们不能完全抛弃它，只要我们生活在这个世界上，就有各种各样的压力向我们涌来，我们不可能生活在一个完全没有压力的世界里。可是，我们必须学会管理它，不能让它像大山一样压迫着我们，让我们喘不过气来，不要一直把压力扛在肩上，该放下的时候就放下让自己轻松一下，只有这样才能削弱压力的不良影响，充分利用它好的一面，使自己在压力带来的强大动力中取得一个又一个的成功。我们是压力的主人，不是它的奴隶，我们要支配它，让它为我们服务，不要被它控制，受它的迫害。

与其无端烦恼，不如直接面对，或者干脆坐下来静心思考尚未完成或即将去做的工作的各种细节，认真分析其中的要点和难点，想出应对的办法，然后将其写下来，使心理上有充分的准备，从而放下心来。必要时也可以将写下来的东西挂在显眼的地方，以强化自己的信心。

打造良好心态，勇于改变自己的命运

在现实生活中，为什么有些人拥有优越的工作、良好的人际、健康的身体、高品质的生活，显得比他人更成功，而有的人只能用忙忙碌碌的劳作来维持生计？其实，人与人之间并没有多大的区别，有区别的只是各人的心境。世界著名潜能学大师安东尼·罗宾指出："影响我们人生的绝不是环境，也不是遭遇，而是我们持什么样的心态。"所以，当我们面对生活中的失败，不要一味去哀叹命运的不公，而应从改变自己的心境入手，有了好的心态才能改变命运。

命运是可以改变的，只要你能正视自我，并改变那些不良的心态。

明代的时候，有一个著名的人物叫袁黄。袁黄年少时，曾在一座寺庙里遇上了一位姓孔的老人。孔先生告诉他："你明年去考秀才，要经过好几次考试。县考时，你考中第 14 名；府考时，你考中第 17 名；省考时，你考中第 19 名。"第二年，袁黄去参加考试，结果果然像孔先生说的那样。

于是，袁黄又让孔先生为他推算终身的命运。令人称奇的是，袁黄自第二年后每次考试的名次都与孔先生所算一致。

从此以后，袁黄认命了，无求、无得、无失，心里渐渐地平静了下来。一年后，袁黄去南京国子监游学。入学之前，他到栖霞山拜访了著名的云谷禅师。他与云谷禅师在禅堂里对坐，三天三夜都没合眼，依然精神饱满。云谷禅师暗暗称奇："如此年轻之人，怎么会有这么高深的定力呢？真是难得！"

于是，云谷禅师问袁黄："凡夫俗子之所以不能成为圣人，是因为心中有杂念和妄想。你坐在这里三天三夜，我没有看到你有一个妄念，这是什么原因呢？"

袁黄回答道："因为我已经知道了自己的命运。我一生的吉凶祸福、生老病死都是注定的，还有什么好想的呢？"

云谷禅师笑道："我还以为你是一位定力高深的豪杰，原来也只是个凡夫俗子。"

袁黄问道："此话怎讲？"

云谷禅师说："凡人未能达到无心，无心就是外不执着于一切事物的相状，内不因此而动心念。你 20 年来被他算定，不曾转动一丝一毫，不是凡夫又是什么？"

袁黄又问道："既然如此，那么按照你的说法，难道命运可以改变吗？"

云谷禅师说道："任何人的命运都是由自己决定的，人的幸福也全看自己怎样去追求。佛家经典中也说求富贵得富贵，求男女得男女，求长寿得长寿。"

袁黄又说道："孟子说过：'有所求，然后才能有所得。'其意思的确是指求在自己。但是，孟子的话是针对一个人的道德修养而言，而功名富贵是身外之物，难道通过内在的修身养性也可以获得吗？"

云谷禅师说："孟子的话没有说错，是你自己理解错了。其实，除道德修养可以通过内心求得之外，任何一切也都可以求得。"

听完云谷禅师的话，当天袁黄便将自己的名字改为"了凡"，其含义是自己了解了安身立命之说，立志不走凡夫俗子之路，一定要改变自己的命运。

第二年，礼部进行科举考试。孔先生算准袁了凡该考第三名，他却考了第一名，孔先生的卦终于不灵验了。秋天的大考，他又考中了举人。孔先生算他命里不会中举，而他居然考中了。

改名以后，袁了凡便掌握了自己的命运：他有了儿子，取名天启；他不仅考中了举人，而且还考取了进士；孔先生说他命里本应去四川当知县，他后来却在天津宝坻当了知县，最后官至尚宝司少卿；孔先生算他寿命只有 53 岁，他却一直活到 74 岁。

袁黄与云谷禅师的一番对话的确让袁黄受益匪浅，他终于领悟了命运的奥妙。

六祖法师曾说过："一切福田，不离方寸，从心而觅，感无不通。"意思就是说，任何成功和幸福都离不开人的方寸之心，一切追求最终是否成功，都取决于人的心态。

要追求一切，首先就必须从追求心灵开始。所以，孟子说的求在自己，不仅仅指道德修养，功名富贵也是如此。道德修养是内在的，功名富贵是外在的，但这两者的获得都应该从内心入手，而不是舍弃内心，盲目地在外面去追求。从内心入手，内外的追求都可以得到。如果不反躬内省，只一味地向外追逐，那么，不管你多拼命努力，用尽多少方法和手段，都很难成功。内心没有觉悟，就只能像无头苍蝇一样四处碰壁，最终毫无结果。所以，一个人从外在去追求功名富贵，往往会内外两者都丢失掉。

失败是用来借鉴的财富

做任何一件事情，都可能会伴随着失败。害怕失败，必将一事无成。正视失败，将失败看作是一种宝贵的财富，就能在失败中吸取到宝贵的经验，就能在失败中学到真正的本领。成功的人，都是不惧怕失败的，而是将其作为一种宝贵的财富。

鲁迅曾经说过：“最可敬的不是跑在前方的冠军，而是明知必败却依然奔跑向前的勇者。”由此可见，如何面对失败显示了一个人的精神，失败本身也变成了一种美丽。

失败是什么？害怕遭遇失败的人往往认为：失败是一种负担，会让人产生极大的压力；勇于迎接失败的人则认为，失败是一块试金石，是人生和人生成长中不可缺少的元素，会让我们的生活更加精彩。

日本青春偶像剧《101 次求婚》推崇这种精神：要想成功追求心爱者，就要有“101 次求婚”的勇气，不怕打击和挫折，精诚所至，金石为开，多加努力。

失败就是一块磨砺石，只有像玉石一样经过磨砺，才能焕发出迷人的光彩。不经历失败的痛苦，就无法知道成功的甘甜。“宝剑锋出磨砺出，梅花香自苦寒来”，只有经过多次失败的磨炼，成功才能大放光彩。

有个女孩从小就喜欢唱歌，而且还唱得不错，学校合唱队发现了她，吸纳她进入合唱队。女孩很高兴，决定认真训练，参加区里比赛，争取得到名次。女孩和同学们认真地训练着，比赛的日子很快来临，比赛结果出来，她们获得一等奖，顺利进入了市赛。

女孩非常兴奋，觉得自己已经做得很好了，训练也就没有像过去那样认真了。比赛的日子再次来临，女孩没有发挥出正常水平，结果只得了二等奖。女孩后悔不已，后悔自己为什么那么骄傲，不重视这次比赛。

有些人就是这样，成功了，就会骄傲；失败了，就会后悔。其实，失败也是一种收获。没有经历过成功，就体会不到失败的痛苦；不经历失败，就体会不到成功的喜悦。

在成长的过程中，每个人都会经历一些失败，人要学会要正确面对失败。因为，不仅是成功的经验能够引导人、启迪人，失败和教训同样也能提醒人，有时失败甚至比成功更能教育人。

遇到失败，问题就会被凸现出来，为了在以后不再失败，人们就会认真思考、积极想办法。认真对待失败，把失败当成磨炼意志的磨刀石，就能打造出坚韧不拔的意志和品质。

网易首席执行官丁磊上大学时，成绩中等偏上。毕业后，他在老家做了公务员。工作虽然体面，家人也满意，可是丁磊却辞职了。

辞职后，丁磊去广州打工。但是，由于竞争激烈，公司出现危机，丁磊只能离开。之后，他经历了三次跳槽、三次事业遭受打击，认真思考后，丁磊在 1997 年 5 月开始自己创业，有了网易。

由于在创业之初做了充分的准备，仅用了很短的时间，网易就在同行中小有名气了，2000 年 6 月 30 日，网易在纳斯达克股票交易所正式挂牌上市。

就在网易欢庆的时候，却出现了令人意外的一幕：当天股票收盘时，网易股价跌破了 15.50 美元的发行价，跌至 15.12 美元。就连网易的主承销商美林证券公司和德意志银行也受到波及，遭受了不小的损失。他们不断给网易施压，在网络经济大幅回落的情况下，这种压力让网易一步步走向失败的边缘。

由于没有及时呈报年度报表，2002 年 7 月，网易被迫停牌；不久之后，又因为涉嫌财务欺诈，被迫停牌 4 个月。抱怨和责骂之声不绝于耳，但丁磊毅然决然地继续支撑下去。在他的不懈努力下，美国时间 2003 年 1 月 2 日上午，网易股票恢复交易。之后，丁磊对网易进行了方向性调整，网易起死回生；2003 年，网易全年赢利 3.23 亿元人民币，迎来了发展的第二春。

丁磊的成功史告诉我们：成功者固然令人羡慕，但不能仅看到成功人士站在领奖台上的辉煌和灿烂，更要看到他们背后的辛酸，这些才是更为宝贵的成功经验。丁磊之所以能够取得诸多成功，就是因为跨过了一个个的失败门槛，一次次重新再来。失败时，他没有放弃，而是不断总结经验，毅然爬起来，重新上路，最终才获得了成功。

遇到失败，任何人都没有资格埋怨自己的不幸。人之所以会失败，并不是因为挫折的阻隔，而是因为失去了跨越失败的勇气。而现实可以带来无穷的力量，只有经历了失败，才能安享清贫，才能接受他人的嘲笑与鄙视；在现实的逼迫下，才能爆发出强大的勇气与力量。

经历了风雨的挫折和打击，会让一个人变得坚强、勇敢，让人变得有成就。对于坚强者来说，这个世界就没有失败，挫折只是他们通向成功的垫脚石。失败，只不过是一次锻炼，能够让自己变得意志坚强、成熟稳重。

第五章

品格——好的品格可以征服世界

微笑是这世间最美的表情

微笑是世界上最美丽的表情，它不但能在顺境时给我们带来快乐和幸福，也能在艰难困苦中给我们带来希望。

一旦你学会了微笑，你就会发现，生活可以变得简简单单、轻轻松松，而人们也可以因你的一个微笑而看到阴雨天的阳光，体会到微笑的魅力。

可以说灿烂的微笑是世界上最能打动人的东西。

成功人士总是脸上带着微笑，因为他们知道微笑的力量。一个表情不友好的人会让别人退避三舍，反之，一个脸上经常带着微笑的人，就会使人心生亲切感，使人忍不住想了解他，这样的人往往更容易俘获人心，自然也更容易成功。

卡耐基在一次授课时，要求学员们试着微笑一个星期，每天 24 小时对身边的人报以微笑，然后谈谈感想。一位学员这样写道："我已经结婚十年了，在这之前我每天都忙着工作，很少对我太太微笑。一天，我对她微笑着说'早安，亲爱的'，她惊讶不已。我笑着对她说，今后我会一直这样做。事实上我真的做到了，连续一个月来，我一直保持对她微笑，我们家所得到的幸福比过去一年还多。”

“在上班的途中，我会对地铁的售票员微笑，在进入公司大楼门口时，我会微笑着同警卫打招呼，还会对电梯管理员微笑着说一声‘早安’，到了办公室，我会对同事微笑，对所有来公司办事的客户微笑。”

“我得到的回报不只是他们的微笑，更神奇的是，甚至连那些平日里满肚子牢骚的人也开始对我友善了。我自己也变成了一个快乐的人，有时想到那些愉快的事情，我还会情不自禁地微笑起来。”

鲍威尔·达尔是一位美国妇女，不幸的是，她只有一只眼睛，而且这只眼睛的视力极差。在她小的时候，别的孩子在欢快地玩“跳房子”的游戏，她也很想玩，可是她却看不清地上的线，于是她常常一个人趴在地上找线画在哪儿，并记住线的位置，然后再和小朋友一起玩。

她喜欢读书，但看书对于她来说却不那么容易，每次她都必须把书举到靠近眼睫毛的地方才能看清书上的字，尽管很吃力，但她在家里仍然坚持读书，最后她得到了哥伦比亚大学的文学硕士学位，并获得在一所学院教授新闻与文学的机会。

究竟是什么力量使得达尔克服了常人难以想象的困难，获得了成功呢？我们从达尔所著的《我想看》一书中可以找到答案，她这样写道：“我的内心深处，一直隐藏着对眼盲的恐惧。为了克服这种恐惧，我选择了欢乐。”

达尔从不抱怨生活，相反，她不断地从自己那残缺的生活中获得乐趣。因为趴在地上尚能看到那些线，把书举到眼前尚能读到文字，所以她满足，她微笑，而微笑帮助她成了“跳房子”的好手，帮助她获得了学位，帮助她做了教授。在逆境中微笑，使达尔不断朝人生的高处走去。

和达尔比起来，我们大多数人都是幸运的，因为我们可以毫不费力地

“跳房子”和看书。然而，我们是否也常常像达尔那样感到快乐？学会在遇到一些小小的挫折时微笑？我们是否像达尔一样收获成功了呢？

微笑让人变得快乐而富有，微笑让人拥有友谊和幸福。无论何时何地，也无论遇到什么事情，一个简单的微笑就可以给人以无穷的力量。微笑具有神奇的魔力，一个微笑就可能让你和仇人化干戈为玉帛，一个微笑就可能让你建立一个美满的家庭，一个微笑就可能让你有勇气直面人生。

你的笑容就是你人生最好的通行证，有了它你就可以面对人生中的很多不幸，也更容易走向成功。国外有句关于微笑的谚语：“微笑亲近财富，没有微笑，财富将远离你。”可见，真诚的微笑往往能带来意想不到的结果。

懂得微笑的人必定是受欢迎的人，那些表情亲切温和的人，让人感觉如沐春风，这样的人自然人见人爱。就比如遇到陌生人，如果你冷若冰霜，别人会拒你于千里之外；如果你对他微笑，他就像是你面前的一面镜子，也会用微笑向你表示友好。

遇到挫折时，微笑是成功的起点；遇到烦恼时，微笑是勇于面对的表现。当见到久别的朋友，激动之情难于言表时，微笑便是表达感情的最好方式；当朋友陷于困境时，给他一个微笑，就是对他的鼓励；当相互之间产生误会时，给对方一个微笑，便有可能让误会烟消云散。微笑带给你的，会很多很多。

平静安宁的心境自是一种力量

平静的内心是智慧的珍宝，它需要一个人在自我控制能力的提高方面做出长期而持久的努力才能得到。心态平静的人一定是具有丰富人生经历的人，通晓思想的法则和这些法则的运作方式。

一个人只有感觉到自己的思想越来越趋于成熟，才会变得平静下来，这需要一个过程。在此过程中，会越来越清醒地认识因与果的关系和事物本身的内在联系：浮躁、忧愁、悲哀都将不复存在，取而代之的是宁静与平和。

一个内心平静的人，因为能够自我约束，所以懂得与别人相处的方法。反过来，别人又能从他的身上受益，得到鼓舞和信赖。一个人越是平静安宁，越容易成功，他的影响、他的力量也会随之增强。一位普通的商人，在不断地培养起自制力，进而能泰然地处理生意场上的事情之后，就会不知不觉地发现他的生意一天比一天红火起来。分析其中原因，不过是因为人都喜欢与性情平和、神态安详的人交往。

性情平和、能力超群的人很容易赢得人们的尊敬与爱戴。他就像烈日下能为人遮阴的参天大树，或者暴雨中能为人挡雨的高大岩石。无论外界环境如何，无论将会发生怎样的变化，他们都能安之若素，不为所动。这与他们总能保持内心的平静不无关系。

人们要想修养心性，就必须要学习培养这种平静安宁的心境。它是人生的花朵，是心灵的果实，像智慧一样珍贵，比黄金更值得人们追求，比纯金更令人渴望。

可是，还有那么多的人无法获得内心的平静，失去了很多人生乐趣。他们中的多数人控制不住自己暴躁的脾气，因而毁掉了甜蜜的生活，给自己带来无尽的痛苦。这都是因为他们平时缺乏自我约束，才会给本该幸福的人生带来遗憾。

是的，人的情绪容易失控，会因愤恨而发怒、因伤心而悲痛，那些富有智慧的人，善于驾驭自己的情绪，善于净化自己的心灵，能做到心无杂念，能做到心态平和。

有一位小和尚，每次坐禅都感觉有一只大蜘蛛在他眼前织网，无论怎么也赶不走。小和尚向师父寻求帮助，师父就让他坐禅时拿一支笔，等蜘蛛来了就在它身上画个记号，看它来自何方。小和尚照办了，在蜘蛛身上画了个圆圈。蜘蛛走后，他安然入定了。

当小和尚做完功课一看，那个圆圈就在他自己的肚子上。

这位小和尚坐禅时老觉得有一只蜘蛛跟他捣蛋，归根结底是因为他自己的心不静。佛家说心地不空，不空所以不灵。也有哲人说，许多困扰和烦躁往往来自自己。用物理学解释的话，则是两物不能同时并存于同一空间。这一物理定律同样可以用在心静方面。

一个富有的农夫在巡视谷仓时，不慎将一只名贵的手表遗失在谷仓里。他在偌大的谷仓内遍寻不获，便让农场上的小孩到谷仓帮忙，并承诺会给找到手表的小孩50美元作为奖赏。

小孩们在重赏之下，都不遗余力地四处翻找，但是谷仓内到处是成堆的谷粒以及散置的大批稻草，要在这当中找寻一只小小的手表，无疑是大海捞针。

小孩们忙到太阳下山也没有找到手表，他们一个接着一个放弃了50美元的诱惑，回家吃饭去了。

只有一个贫穷的小孩没有死心，在众人离开之后，他仍努力找寻着那只手表，希望能在天黑之前找到它，换得那笔巨额赏金。

谷仓中慢慢变得漆黑，小孩虽然害怕，仍不愿放弃，手上不停摸索着，突然他的耳边响起一个奇特的声音。

那声音“滴答、滴答”不停响着，是表针走动的声音，小孩顿时停下所有动作，谷仓内更安静了，“滴答”声愈加清晰。小孩循着声音，终于在偌大漆黑的谷仓中找到了那只名贵的手表。

生活中也是一样，如果一个人的内心能不受复杂的外界干扰，让它平静下来，就可以得到自己想要得到的一切。

所以无论生活在什么样的境遇里，历经风雨的心灵一定要充满希望，要相信幸福就在前方向自己招手，自己终将登上幸福的彼岸。只要能坚定自己的信念，紧握信念的桨，就一定能收获幸福。自制力需要以意志力为辅，理念需要以控制力驾驭，平静安宁是一种能量。

懂得节制，才能掌控自己

文学大师梁秋实先生生前患有糖尿病。有一天和朋友们一起聚餐，当美味的菜肴端上来之后，梁先生一口都不动，众人疑惑不解，梁先生解释说，他不能吃那种带有甜味的熏鱼。冰糖肘子上来了，他又对大家说这个碰也不能碰。什锦炒饭端上来的时候，他依旧说不能吃，原因是淀粉会转化成糖。因此，在大家都狼吞虎咽的时候，梁先生一筷子都没有动。

最后，服务员端上了八宝饭，大家都料定梁先生肯定也不会碰这种食物，因为那里面既有糖，又有能转化成糖的淀粉饭。哪知一端到桌上，梁先生立刻高兴地笑着说："这个我要吃。"朋友们立即提醒他这个里面既有糖又有淀粉。

"我前面都不吃，就是为了留下机会吃八宝饭。我血糖高，得忌口，所以必须计划着，将配额留给最爱。"梁先生笑着说。

每个人的生活中都存在配额问题。如果你仔细揣摩那些伟人的成功经历，就会发现，他们大多是懂得节制自己，集中力量在某些特定的事物上，才有后来的杰出成就的。

如果你去问那些学习好的学生，他们的回答也同此理。他们从来不会将所有的时间和精力都用在学习上，他们也经常玩电脑、打篮球或者参加其他的游戏活动，那为什么他们的成绩却会这么好呢？答案就是玩的时候，他们会全心全意地玩，学习的时候就全身心投入到学习中。

不难发现，成功的道理就在于懂得节制自己，在读书上如此，工作中也是同样的道理，如果你想取得成就，你就必须懂得克制自己，懂得放弃，才能达到自己的目的。

收获与付出总是相对的，因此我们必须对自己的生活有计划，哪些是必须去做的，哪些是必须放弃不去做的，正像梁先生那样，他决定了最后要吃八宝饭，是以放弃之前所有的美味佳肴为代价的。

有人总是在不断劳碌但却没有大作为，而有的人却能够有所成就，原因就是成功的人懂得“舍得”，懂得为了得到一些东西就必须要有所放弃，正应了“鱼和熊掌不可得兼”那句话。

读书的时候，如果你贪玩忘记了时间，或者没有节制地娱乐，被玩心所累的你就不可能在学业上有所进步。工作的时候，如果你总是希望得到赏识，得到提拔，却忘乎所以地陶醉在自己的幻想中，忘记了全力争取，奋力一搏，那么，在事业上你就不会有所成就。

没有什么种子是在你随意撒到土中就会长出你所期望的那种以及那么多的果实，如果你只期盼着它硕果累累，只问收获而不问耕耘，忽略平日对它的管理，那它是绝对不可能让你收获到令你满意的果实的。

如果只顾眼前的利益，得到的总是短暂的欢愉，而并非想要的收获。要想获得成功，就必须放弃一些，必须懂得朝着正确的方向努力耕耘，这样即使失败，也会有所收获，下一次耕耘就会少走弯路，使努力变得有效。

除了事业和学业，在生活中，我们也需要时刻做出选择。人们在购买商品的时候，往往无法避免这样的心理：既想买到质优的东西，又想花费少量金钱。但是我们都清楚一分价钱一分货的道理。

因此，在许多事情上，我们必须学会放弃，告别那些短暂的利益或者诱惑正是为将来成就一番理想做准备。放弃并不是痛苦的，而是你在为成功做出牺牲。

很多人忙忙碌碌过一生，到头来却鲜有收获，并且同样付出许多努力，但他们会在选择时往往抱有侥幸心理，总是希望自己能够得到更多，放弃得更少，甚至不切实际地将自己的目标锁定在许多方向，每个方向都在尽力，但是，因为对各种目标的盲目顾及，到最后手忙脚乱不只将自己弄得疲惫不堪，也荒废了自己的人生。

有时候，放弃也是一种收获，懂得放弃、懂得牺牲的人懂得如何有效支配和经营自己的人生，也因此能够超越自己。

善自律者成大器

这是发生在哈佛大学的一个真实的故事：

1986年，哈佛大学建校350周年，校方准备校庆与毕业典礼同时举行，并邀请当时的美国总统里根参加盛典和讲话。此前在哈佛大学300周年校庆时，罗斯福总统参加过庆典。这次邀请里根总统出席，也是为学校增光添彩，但没想到里根总统提出了一个要求，希望哈佛授予他荣誉博士学位。

或许在很多大学看来，这只是一件小事，但哈佛一直以来聘任教授和授予荣誉学位称号都是以学术水平作为唯一标准。为了大学的学术声誉，哈佛大学的董事会、校长和教授工会断然拒绝了里根总统的要求，里根也因此没有参加哈佛的350周年校庆活动。

在政治化、商业化的熏染下，哈佛大学以其高度的自律精神，坚守了自身的原则，显示了其名校的风范。哈佛大学教育学生，在社会生活中，不管干什么，都要坚守自己的原则。如果一个人不能自律，是一种软弱的表现。

自律是一种自我控制的能力，具有自律心态的人，往往能主动掌握自身的心理和行为，从而克制自己的感情，约束自己的语言，控制自己的行为，知道什么时候做什么事，往往能够取得别人难以企及的成就。

“二战”时期有一个间谍，不幸被敌军捉住，他立刻装聋作哑，无论对方用什么方法诱问他，他都装作听不见。等到最后，为了试探他是否真的听不见，狡猾的敌人假装和气地对他说：“好吧，看来你真的是一个聋哑人，我们抓错了，你现在走吧。”

如果这个间谍没有超强的自制力，他一定拔腿就走出去了。但是，聪明的间谍却并没有这样做，他依旧毫无所觉地待着不动，仿佛根本就没有听到审讯者的话。

最后，审讯者终于被骗了过去，他们相信了他只是一个没有多大用处的聋哑人，于是打着手势让他离开了。

在听见审讯者说放他走的那一刻，间谍所表现出来的自制力是超乎想象的。对于一个失去自由，甚至有生命危险的人来说，在得知获得自由的那一刻，精神很容易突然放松，而他装聋哑的事也很容易被人识破。但是间谍凭借惊人的自制力，依旧保持高度警惕，最终获得了自由，保住了自己的性命。

一个有着强烈感情的人并不一定就是强者，而一个善于控制自己感情的人则一定是真正的强者。歌德曾说：“一个人不能控制自己，就不能控制他人。只有控制了自己，才能控制他人。”在现代社会里，谁能把握自己的情感，控制自己的情绪，谁就是生活的强者，就能达到别人达不到的高度。

爱尔兰伟大的领导人查尔斯·斯图尔特·巴涅尔在年轻的时候脾气很暴躁。有一次，他独自坐在马路边，这时有两个人刚好路过，他们以为他有什么不幸想不开，于是上前关切地问他：“喂，小伙子，没事吧，回家吧。”

结果他扑过去将其中一个人打了一顿，另一个见此情景，便远远地跑开了。因为这件事，查尔斯被驱逐出了剑桥大学。

后来查尔斯意识到自己性格上的缺陷会影响日后的发展，于是他下定决心改正坏脾气。几年后，查尔斯·斯图尔特·巴涅尔掌握了爱尔兰的大权。格莱斯顿在谈到他时曾这样夸奖道：“巴涅尔是我见过的最杰出的人物。我在一次演讲中曾对他进行了强烈的谴责，但他一直泰然自若地坐在那里，一动不动。他专心地倾听，很有礼貌，脸上毫无表情，很镇定，一点儿激动的样子也没有。他的泰然自若、简短的演说，对国会意见的淡然处之，不同寻常啊！他的习惯做法与别人对比，大相径庭。”查尔斯的成功与他改掉暴躁脾气是密不可分的。暴躁和强烈的谴责也许能够使对手屈服，但至少不能让对手心服口服，但是，查尔斯强大的自制力却让格莱斯顿由衷地钦佩他。

善于自律的人成功的机会要高于他人，著名的成功学大师拿破仑·希尔也提倡自律，他曾提出这样一个真理：如果一个愤怒的人开始辱骂嘲笑你，不管是不是公正，你都必须记住，如果你抱着以其人之道，还治其人之身的心理去报复对方，那么对方就会通过控制你的心理来控制你。但是如果你是一个有着自律心态的人，在辱骂和嘲笑面前保持冷静与沉着，依旧维持着正常的情绪，保持着应有的理智，那么，对方会惊讶地发现，你所用来报复的武器是他们所不熟悉的，他们会不知所措，而你就掌握了斗争的主动权，也就更有把握获得成功。

追求自由是人类的天性，但是，自由并不意味着随心所欲，过度的放纵只会毁了自己，严格控制自己的言行会容易成功。

时刻保持谦虚，戒骄戒躁

世界是不断变化的，人的欲望也随之千变万化。在这个物欲横流的年代里，人类的欲望是永远无法满足的，能够抵挡住形形色色诱惑的人更可谓凤毛麟角。有人认为，一个人最难得的是当他名扬天下的时候，依然可以保持最初的谦逊之心。

谦虚是一种美德，哈佛大学教授杜维明也这样认为，因此他一直教育他的学生们要懂得谦虚的重要性。他说："其实，每个人都是平等的，都有属于自己的高度。如果你们总是一味地抬高自己的高度，那将永远无法看清自己和别人的真实高度。只有真正明白了这些，你们才可能成为出色的人才。"

杜维明上课的时候，经常给学生们讲马歇尔将军的故事。

马歇尔将军全名为乔治·马歇尔，是美国历史上的一代名将，他曾经在第二次世界大战中担任美国陆军参谋长，对建立国际反法西斯统一战线做出了巨大的贡献。

1939 年 9 月 1 日，马歇尔被美国总统罗斯福任命为陆军参谋长。在他上任后的当天，德国便突袭波兰，爆发了第二次世界大战。

第二次世界大战正式爆发之初，美国并没有立刻卷入战争。当时，出现了两种不同的意见，一种主张是应该尽量避免卷入战争，而另一种意见则认为应该积极地面对战争。对此，马歇尔将军有自己的看法，他认为，这场战争来势凶猛，无论美国政府如何应对，都改变不了要卷入战争的命运。他支持总统罗斯福的援英战略，同时，他认为自己作为陆军参谋长应该积极地备战，而且他相信援英战略可以借助英国的力量，为美国赢得充足的备战时间。

1941 年 12 月 8 日，日本突袭美国的珍珠港，著名的太平洋战争由此爆发，美国正式卷入“二战”。

珍珠港事件的发生给美国带来沉重的打击，这一空前绝后的偷袭事件震怒了美国政府。当时，美国的许多军队领导都遭到了严厉的处分，尽管马歇尔也受到了政府的质询和责难，不过没有任何人提出将他撤职，也没有谁再对他曾提出的美国参战的主导设想表示异议。

1943 年 12 月，以罗斯福、丘吉尔和斯大林为代表的美英苏三国召开了德黑兰会议，会上与会代表做出决定，美、英军队将在 1944 年 5 月登陆法国北部的诺曼底地区，并将这一次登陆战役称为“霸王”行动。

不久后，美、英军队成功登陆诺曼底地区。而这场战役能取得成功，指挥“霸王”行动的盟军最高司令马歇尔功不可没。在接下来的战役中，美国陆军和空军同时活跃在世界的六大战场上。通常情况下，由于战线较长，战士的士气会大受打击，但令人不解的是美国的军队不但没有受损，反而士气大发。后来得知，在登陆前一个月，马歇尔将军已经对军队做了完善的指挥，并清楚地掌握了军中各路人马的状况、需求、配备和军务缓急情况，他细致地做了安排，所有的准备工作协调有序，为美军的不断胜利打下了坚实的基础。

为表彰马歇尔卓越的功绩，美国众议院和罗斯福总统共同决定授予马歇尔“陆军元帅”的头衔，这是美国历史上的最高荣誉。但是马歇尔拒绝了这项荣誉，许多人对此感到疑惑，马歇尔不失幽默地解释说：“一想到你们以后要称我为‘Field Marshal（元帅）’，我就觉得非常奇怪。”事实上，马歇尔拒绝接受元帅头衔的真正原因是因为潘兴上将，潘兴上将当时卧病在床，如果马歇尔接受了这项荣誉，他的军衔将高于潘兴的军衔。在马歇尔拒绝接受元帅头衔后，美国政府为了表示对他的尊重，决定从此不再设立元帅军衔。1944 年年底，马歇尔晋升为五星上将。

在马歇尔的眼中，潘兴上将才是美国当代最出色的军人，马歇尔曾经多次受到潘兴的提拔和力荐，对潘兴的知遇之恩马歇尔始终铭记在心。因此，马歇尔不希望因为接受陆军元帅的头衔而破坏他和潘兴上将的深厚感情，更不愿意由于自己受表彰而危及自己一直尊敬的老将军的地位。

马歇尔与潘兴的渊源要追溯到一战时期。第一次世界大战的时候，马歇尔跟随美军赶赴欧洲战场。在此期间，他有幸与当时担任美国远征军司令的潘兴结识，两人相谈甚欢，一见如故。当时，潘兴很欣赏马歇尔的才能，在第一次世界大战将要结束时，他将马歇尔提拔为自己的副官，并将其看作得意门生。潘兴退役后，依然多次推荐马歇尔，在他坚持不懈的努力下，马歇尔终于在 1939 年被授命为四星上将军衔，担任美国陆军参谋长。

马歇尔努力认真，不留恋虚名的举动感动了很多人。美国著名作家塞瓦赖德曾在一次广播中这样夸赞马歇尔：“这支拥有世界上最强大的体魄、身穿最亮丽的衣裳、吃着最丰盛的食物、享受最一流待遇的军队，能够具备现在的组织、训练和装备水准并不是凭借运气。它是美国历史的丰碑，标志着乔治·马歇尔的伟大、神勇的能力和超出常人的判断力及领导才能。

像他这样出色的军人是不需要元帅权杖的。”

其实，世界上最难的事情不是谦虚，而是时刻保持谦虚。现实生活中，有许多人在取得成功之前一直很谦虚，但成功之后就妄自尊大起来。真正伟大的人不会因取得一点小成绩就一味地邀功，因为他们明白，保持谦虚才能获得更大的成功。

掌握好说话办事的尺度

做事留三分余地，就不会把事情做绝。于情不偏激，于理不过头，那么在前进的道路上就会游刃有余，进退自如。

古希腊神话中有这样一个传说：太阳神赫利俄斯的儿子法厄同驾起装饰豪华的太阳车横冲直撞，恣意驰骋。当来到一处悬崖峭壁上时，恰好与月亮车相遇。月亮车正打算掉头往回走，法厄同依仗着太阳车辕粗力大的优势，一直逼到月亮车的尾部，丝毫不给别人半点回旋的余地。正当法厄同幸灾乐祸地看着难于自保的月亮车时，自己的太阳车也走向了绝境，连掉转车头的余地也没有了，向前进一步是危险，向后退一步是灾难，最后终于万般无奈葬身火海。

法厄同之所以葬身火海，其原因就是他恣意妄为，做事太绝，不给别人留余地。

人生一世，千万不要使自己的思维和言行沿着某一固定的方向发展，而应在发展过程中冷静地认识、判断各种可能发生的事情，以便能有足够的回旋余地来采取机动的应对措施。

给对方留有余地，这不仅能表现你的宽容，更为重要的是，能给自己留一条后路。留三分余地给别人，就是留三分余地给自己。留有余地，就不会把事情做绝，便有回旋的余地，如果将来有什么事情发生，就可以从容转身，使自己能够进退自如；不留余地好比棋的僵局，即使没有输，也无法再走下去了。

某报社的主编交给新来的记者周强一个重要的采访任务，主编告诉周强："这件采访工作在实施时存在一定的困难……"主编正打算向其详细讲解之时，周强却一副信誓旦旦的样子，拍着胸脯说："没有问题，包您满意。"三天以后，主编没有听到任何动静，便问周强采访进展得怎么样了，进度如何，此时周强才不得不说："并不像我想象的那样简单。"

虽然主编也知道这个采访有着一定的难度，但对当时轻易拍胸脯表态的周强大为反感，从而对他的工作能力产生了极大的怀疑。

在生活中，有很多事情我们无法预料它的发展态势，甚至也不了解事情的发生背景，因此切不可妄下定论，不留余地，使自己一点儿回旋都没有。

有次，曹敏与同事之间有点小矛盾，弄得很不愉快，便对同事说："从今天起，我们断绝所有关系，彼此毫无瓜葛……"殊不知这话说了还不到两月，这位同事成了他的上司，曹敏因讲过过重的话很尴尬，不得不另谋出路。

因把话讲得太满，而给自己造成窘迫的例子随处可见。把话说得太满就像把杯子倒满了水一样，再也滴不进一滴水，否则就会溢出来；就像打满了气的气球，再充就要爆炸。

凡事都会有意外发生，留有余地，就是为了容纳这些"意外"。杯子留有空间，就不会因为加进其他液体而溢出来；气球留有空间便不会爆炸；人说话留有余地，便不会因为"意外"的出现而无法下台，做事留有余地从而可以从容转身。

在记者招待会上，社会精英们对记者的提问最喜欢用一些模棱两可的语言进行作答。如：可能、尽量、研究、或许、评估、征询各方面意见……他们之所以偏爱这些字眼，就是想为自己留有余地。如果将话说死，最后事与愿违，那该多难堪呀！

那么，怎样做才能给自己留有余地呢？

做事方面，对别人的委托可以答应接受，但不要“保证”，应该说“我尽量、我试试看”的字眼；上级交办的事当然接受，但不要说“保证没问题”，应代以“应该没问题，我全力以赴”。这就为自己以后万一做不到留下后路，而这样回答事实上又无损你的诚意，反而更显出你的审慎，他人会因此更信赖你！即使事没有做好，也不会太怪罪你。

总之，办事、说话要留有余地，使自己不至于走向绝境，言不至于极端，有进有退，以便日后更能机动灵活地处理事务，解决纷繁复杂的社会问题。同时也给别人留有余地，不管身处怎样的境况，不要把别人推向绝路，这样一来，事情的结果会对彼此都有好处。

人年轻气盛的时候，容易走极端，喜欢把话说绝，把事做死，其实这是一种非常幼稚的行为。山不转水转，说不定哪天事情就起了变化。恋人或朋友之间，偶尔开开玩笑可以，但太过分了就不是好事。

在涉及他人隐私方面，更需要留有余地。公司里有的同事很在乎自己的私事，不愿意让更多的人知道，可有些人总不识时务，常常打破砂锅问到底，弄得对方回答不是、不回答也不是，显得非常尴尬。因此，当遇到这样的情况，一定要懂得点到为止。当对方不愿意说或面有难色时，切不可穷追猛打。

留有余地还是一种人生态度的体现。但有些人并不明白其中的真谛，对名利过分追求，根本不留下时间来享受生活，搞得身心疲惫，甚至过早地结束了生命。有了十万想要一百万，有了电梯公寓想要别墅，为了实现这个目标，生意人绞尽脑汁，贪官们欲壑难填，职场人超负荷工作，结果不但伤害自己，还会对社会造成一些不利的影响。如果能留有余地，就可以让心灵放松，会让人生保持一定节奏，做到张弛有度，让生活更加轻松而和谐。

明智的放弃胜过盲目的执着

背着沉甸甸的执着，不回头，有时未必是好事。坚持是实现梦想的条件，但不是必备条件。知难而进，有时是勇气，有时是愚蠢。必要的时候，知难而退不是懦弱，而是一种智慧。

在人生的每一个关键时刻，应审慎地运用智慧，做出正确的判断，选择正确的方向，同时别忘了及时检视选择的角度，适时调整。

人活着是为了什么？我们要活得开心，最关键的要素是什么呢？聪明如你，一定知道该执着时要执着，该放弃时要放弃的道理。只有舍得放弃才能远离苦恼，才能重新拥有快乐。生活中，有时不好的境遇会不期而至，将我们的生活搞得一团糟，让我们猝不及防，这时我们更要学会放弃。不要以为所有的执着都是褒扬，有时候，执着只是一种固执，只是当局者迷而已。

现实生活中就有这么一些执拗的人，一旦认定的事九头牛都拉不回来，就非做不可，不管那件事究竟值不值得做，一定要直到耗尽精力、财力才肯罢休。

一生中，我们无数次面临着选择，不管你乐意不乐意。有选择就有放弃，趋利避害是人的本能，生活中有许多事情是要我们迎难而上、努力拼搏才能取得最后胜利的，但如果目标不对，一味地流汗只是在做无谓的努力。

有人说："我以一生的精力去做一件事，十年、二十年……再笨也会成为某一方面的专家。"但是假如这条路并不适合你，自信和执着就变成了自负和固执，这对自己是没有任何好处的。浪费了时间和精力，损失了物力和财力，最终只会是竹篮打水一场空。

莎士比亚说："倘若没有理智，感情就会把我们弄得精疲力竭，为了制止感情的荒唐，所以才有智慧。"学会估量事情的价值，事情的可行度，才能更好地选择哪些事应该去做，那些事情应该就此放下。

现实生活中，执着的人常常受到人们的称赞，认为他不抛弃、不放弃。然而有时，放弃才是更好的选择，才是一种大智慧，有时候放弃更需要勇气。盲目的执着有时只是一种自欺欺人的固执，就好比失业者不肯放弃僵化的择业观念，整日萎靡不振、怨天尤人；失恋之人始终无法放下已经逝去的那段感情，把自己弄得失魂落魄、心灰意冷；赌徒不肯放弃"可能会赢"的侥幸心理，最终导致血本无归、倾家荡产。种种事实和经验，都验证了执着有时并不是一件好事。

一味执着，不肯放手，只会占用大量的时间和精力，而让很多真正该做的事情没有做，让真正的梦想与自己失之交臂。

不固执，在该放弃时勇敢放弃，是明智之举，也是一种顿悟。而主动地去放弃，更是一种坦荡的心境与博大的胸襟，不固执，更是一种勇气和魄力。诚然，永不言弃通常是人们嘉奖的精神，但有时放弃却是为了更好的明天。我们生活在一个充满诱惑的时代，我们要学会舍弃，更要善于舍弃。聪明的舍弃会使我们离成功更近，而有时固执却会让我们在错误的路上越走越远。因此，该舍弃时就舍弃。为了一棵小树舍弃整片树林，那就不叫执着，而是固执。适时放弃，有所坚持有所放弃，只有这样，我们的内心才能更平衡。不盲目固执，才是成功的捷径。

学会舍弃不是不求进取，知难而退也并不是圆滑的处世哲学。有的东西在你想要得到又得不到时，一味地不舍弃只会给自己带来压力、痛苦和焦虑。这时，学会舍弃是一种解脱。懂得区分事情是否值得去做的人，人生就会喜多悲少。

我们的人生就像红烛，浪漫温馨之际定会留下斑斑泪痕；我们的人生就像繁花，绽放斑斓之后必有终将凋零的烦恼。因此在漫漫旅途中，我们更不应让自己盲目执着于无谓，沉重而无奈地前行，放下这份固执，保持一份良好的心情，去撷取人间瑰丽的风景吧。

学会倾听，是对他人的最高赞扬

生活和工作离不开沟通，聆听就是沟通的一种方式，成功者大都是善于聆听的人。学会聆听，懂得聆听，善于聆听，是人际交往的一大利器，也是一个人走向成功的重要素养，是迈进成功的重要一步。懂得认真聆听他人，更是对他人的最高赞扬。

企业家成功的秘诀是什么？前哈佛大学校长查尔斯·艾略特认为："成功的企业家没什么秘密可言，也许只是全神贯注地倾听。全神贯注地听一个人说话很重要，再也没什么比这个更能恭维一个人了。"

2016年的一天，杜婷跟一群朋友去国外旅行。杜婷和小洁同居一室，小洁对她微笑着说："很庆幸这次能跟你同住。"

杜婷问："为何这么说？"

小洁回答说："你不知道，上次去十渡玩的时候，我跟小迪住同一间房，那一周不知道是怎么过来的，太可怕了！她总是喋喋不休地讲话，白天讲，晚上讲。夜晚不到十二点，根本不会合嘴，真是要命。整个行程下来，我感到身心俱疲，度日如年。"

杜婷和小迪也比较熟悉，这让她想起了一次聚会。

那次，她和小迪两人一起去参加朋友儿子的满月酒宴。8个人坐一桌，一半人不认识，小迪自来熟，对谁都掏心掏肺，陈谷子烂芝麻，像竹筒倒豆子一样都倒了出来。同时，还有一位男青年，他跟小迪一样，也是滔滔不绝。

作为朋友，杜婷偶尔会附和一下，或点头微笑。可是，同桌的其他宾客，尤其是男的，都显得有些不耐烦，只是碍于场合，没有发作而已。

公共场合，说一大堆废话，出于礼貌，旁人可能会听听，可是三五分钟倒无所谓，一顿饭吃下来，怎会不累？这种人，就是典型的根本不在乎别人的感受。

卡耐基说过："如果没有好话可说，就什么也别说。"是啊！与人相交，懂得倾听远比会说话更重要。

一天，一家企业通知孙露去复试，对方在电话里说明了复试的时间、地点。同时告诉她，参加复试的有十人，职位只有一个；复试的内容是五分钟现场演讲，题材自定。演讲是孙露的弱项，她最怕的就是在人多的场合讲话。放下电话，孙露做了几个深呼吸，告诉自己，一定要努力。

复试的那一天，孙露提前半小时来到复试地点，这时候几位应试者已经先到。桌上摆放着各人的简历，每个人都正襟危坐。从他们旁边走过时，孙露用眼角余光扫了一下桌上的简历和演讲稿，心里"咯噔"一下：一位是复旦大学毕业的，一位学历是硕士，一位的演讲稿是英文的……

想到自己只是自考本科，孙露便自己把自己淘汰了。何况，还要以她最弱的演讲方式来竞争。孙露知道自己无望，便决定做个听众，即使没应聘上，但也得学点东西吧。这样一想，心里便释然了很多，反而不再紧张。

复试开始，三位主考官坐到最前排。

第一位上台的是复旦大学毕业的，他的演讲内容丰富，语言流畅，引经据典，气场不错。

第二位是个小海归，他的演讲表情和台风都很棒，是个优秀的竞争者。

孙露是第三个演讲的，她有些紧张，眼睛盯着远处。讲到一半的时候，她低头一看，发现下面的应试者基本上都没听：或低头写着什么，或在看自己的资料，或与旁边的人说悄悄话……孙露有些气馁，幸亏三位主考官都在认真倾听，给了她很多鼓励。

回到座位上，孙露的心也落了地，接着便继续倾听其他人的演讲，注意他们的神态和语气，思考着今后如何改进自己上台的不自信。

演讲完毕后，主考官让大家把演讲稿和简历留下，回去等通知。让孙露没想到的是，刚到家门口，就接到企业人事部的电话，通知她下周一去办入职手续。

上班的第一天，孙露看到一位那天的主考官，向他请教：“其他人都非常优秀，为何没有被录用？”

那位主考官微笑着告诉她：“那天复试的真正主考官并不是我们仨，而是在屏风后面的老总。那次演讲考验的不是演讲者，而是听众。在整个过程中，老总自然知道认真倾听的是谁、友好关注的是谁……其他人虽然都很优秀，但他们不懂得倾听，不懂得尊重别人。知识可以通过培训来获得，台风可以通过锻炼来掌握，但是尊重别人、认真倾听，却是很难培养的，这是一个人的基本素质。”

学会倾听他人的重要性，由此可见一斑。

每个人都有权利表达自己想法，每个人都希望他人能够认真倾听自己讲话，不顾别人的感受，喋喋不休地大讲特讲，只会引起他人的厌烦。学会倾听，是对他人的最高赞扬，成功者都是优秀的倾听者！

第六章

学习——未来正来，与时俱进

你要做出自己的品牌

在《圣经》马太福音中有一段话：凡有的，还要加给他，叫他多余；凡没有的，连他有的也要夺去。心理学家罗伯特·莫顿用这句话概括了一个心理现象——马太效应。

通过研究，莫顿发现，相对于那些不知名的研究者，声名显赫的科学家通常会获得更高的声望，即使二者的成就是相似的，同样，在同一个项目上，声誉通常会给予那些已经出名的研究者。

上学的时候，一个品学兼优的学生，由于成绩优秀，经常受到老师和家长的称赞，即使某次他犯了错误，老师也不会批评他，而会帮助他，并不认为他是个坏学生；而那些被老师和同学们公认为是坏孩子的学生，即使某次他做了一件好事，大家也不一定会关注他，始终认为他不过是个坏孩子。

这种现象在工作中也广泛存在。小琪和小寒同是一个公司的业务员，推广同样的产品。小寒因为业绩优秀，连续被公司评为模范标兵，在行业圈子里，他也被人称为优秀的销售员，已经名声在外；而小琪只是一个普通的业务员，销售业绩不如小寒，客户关系也不如他，虽然每个月都能完成销售业绩，但显然是跟小寒没办法比的。

有一次，小琪费了很大的劲儿，费尽心思地连续跟进一个项目一个多月，终于要为公司拿下这个大项目了。当小琪向领导汇报的时候，领导先是表扬小琪，赞赏小琪，然后告诉小琪，小琪的经验和能力还不足以最终拿下这个项目。为了万无一失，这个项目还是交给经验丰富的小寒去做吧，让小琪跟着小寒多学习一些东西。

小琪感到很委屈，明明是自己跟进的项目，凭什么要交给别人去做，但是委屈，并不代表这种事情就不会发生。

领导站在整体利益的角度去考虑，当然希望这个项目稳拿下来。这个时候，他当然需要经验丰富的员工出马，而小琪之前成绩平平，还不足以给领导信心。

社会就是这样，强者恒强，弱者恒弱。不需要对此感到无奈，因为这种心理谁都会有。比如你到超市去买东西，在价格相当的情况下，你会选择一些大品牌，理由很简单，大品牌值得信赖。尽管你的朋友向你推荐一些新品牌，但你都会持怀疑的态度，质量如何啦？会不会有不良影响啦？

这个思路其实同样适用于人身上。你作为一个消费者，选择某一品牌往往代表已确认了该产品的安全性，以及它的使用价值。品牌也意味着风险的降低和对产品独特性的认可。同样，你要得到别人的认可，就需要形成自己的品牌，让自己变成强者。只有这样，你的东西才不会被强于你的人夺走，你才能获得更多的东西。

美国管理学者华德士提出：21 世纪的工作生存法则就是建立个人品牌。个人品牌是一种差异化，让你可以从芸芸众生中迅速脱颖而出：它代表着个人能力、信誉、才干等，可以为个人带来更多的发展机会。当你的个人品牌被广泛认可的时候，你必将“名利双收”，你也自然而然地成为品牌最大的受益者。

现在，你应该知道，有那么多经验丰富的员工失去他们的工作，为什么？因为他们缺乏个人品牌，使得他们的名字无法在职场上闪光。

要建立个人品牌，首先要客观地了解自己。个人品牌不是十项全能，要了解自己的局限与弱点，一个品牌不是所有领域的品牌，个人品牌一定要专注于某一领地。现在很多年轻人喜欢频繁地更换职业、工作，这是不会形成个人品牌的。个人要忠诚于自己所从事的职业，可以换工作但是不能经常换职业，那样成不了专家，也建立不了个人品牌。因此，要找准自己喜欢的领域，再努力在这个领域做大，做强。

其次，要建立自己的特色形象。品牌总是因它的独特性而存在，所以你要展示给别人的就是这种不同。一种产品要想在同类竞争者中脱颖而出，寻找合理诉求点是迈向成功的第一步。好比宝洁公司的洗发水，海飞丝以“去屑”著名，潘婷靠“滋润”立足，飘柔因“柔顺”获得青睐。在众多的竞争者中，你靠什么胜出一筹？创新，认真，果断，还是有专业特长？

再次，言行一致才会形成良好的品牌。好事不出门，坏事传千里，工作中会有失误，但是个人品质上一定要注意，一旦有了闪失就会造成终身污点，对建立个人品牌非常不利。

最后，要不断地学习，多积累。个人品牌是一个慢慢培养和积累的过程，因此需要不断地学习。你可以根据个人的人生目标、兴趣爱好以及自身财力来制订学习计划，必要时可以向相关人员做适当的咨询，以保证学习内容的科学性以及最终的学习效果。

别人为什么比你优秀

小李在大学毕业之后，找到了一家外资企业上班。小李的工作类似于公司中的“秘书”，所不同的是，大家都称呼他“李助理”。李助理在大学还没有毕业的时候，曾经是学校里的新闻人物，是师生们关注的焦点，为此，他一直感到很骄傲。

他上学时还曾是学生会主席，然而，一到了外企公司却变成了人家的“助理”，这让他感到无法接受。尤其是公司那两个虽然没有什么头衔但却比自己早进公司的同事，小李一想起这个心中就会燃起一股无名火，总觉得自己活得越来越没有尊严了。是啊，自己又不是卖身给他们的奴才，为什么就连那么闲杂的事情他们都要叫他去干呢？然而，当事情过去之后，他再仔细地思考一下，觉得这些人并没有什么错误之处，因为作为助理，这些事情也的确属于自己的工作内容，所以也不该有什么好抱怨的。在刚刚进入这家公司时，经理也曾对自己提起过这件事，只是一旦落实到具体事情上的时候，小李就会感到自己的情绪有点无法控制。他总觉得自己就是听由别人使唤的机器，在完成任务之后，还要违心地赔上一个笑脸，表明自己已经圆满地完成了上级交代的任务，甚至于自己有时候都会感到这种违心的两面派角色让人想起来就有要吐的感觉。有时候实在忍受不了，也会发些牢骚或者顶撞几句，然而，这样一来，小李的日子就更加难熬了，同事们甚至都快把他从集体中孤立出来了。

直到有一天，赶上总经理的秘书请假没来上班，总经理便点了名让小李到他的办公室去整理文件，顺便还让他为自己冲上一杯咖啡。小李不得不去干这让他感到不屑的鬼差事。总经理毕竟是有过多年阅人经验的人了，他一眼就看出了小李心中的不满，因此，总经理直言不讳地说道：“你是不是感觉自己心里很委屈啊？我相信你是个有才干的人，然而，一个人若是想要成就一番大事业，就一定要从最基层的工作开始干起。”

小李不禁感到有些惊讶，不愧是做老总的，果然对自己了如指掌！小李有些不好意思地笑了笑，带着几分歉意，也带着几分对老总能够看清自己想法的感谢。老总叫他先坐下来，说一说近来的情况，然而小李左右环顾了一下，在他的身旁根本就没有椅子，只有总经理坐的那个长条沙发。自己总不能和老总并排坐一起吧，他有点没弄明白老总的葫芦里到底是卖的什么药。

总经理不失时机地指点道：“那些心里总是感到不满的人，是永远也无法找到一张合适而又舒适的椅子的。”小李来到公司这么长时间，还真是很少能够见到老总这么亲切而又和蔼慈祥的面孔，他突然觉得老总更像是一个值得自己尊敬的长者而不是自己的上司。

之后小李帮老总冲好咖啡，便认真地收拾起老总的办公桌来。在这期间，他发现在老总的桌子上，放着一盆细黄沙，看起来柔柔的。小李对此感到非常奇怪，这黄沙里面又没有种植仙人球，把它放在这里是用来做什么的呢？

老总早就已经读懂了小李脸上疑惑的表情，他伸出手来从花盆里抓起一把细沙，然后一点一点握紧拳头，只见那些黄沙从他的指缝里一点一点开始滑落，轻轻地，柔柔的。老总笑了笑，说道：“年轻人，难道你觉得只有你才会心情不好，才会有脾气吗？事实上，我和你一样，只不过我已经学会控制自己的情绪了……”

听了老总的这一番话，小李终于明白了，原来老总准备的这一盆细沙竟是用来“消气”的。原来，那盆细沙是老总的一位研究心理学的朋友送给他的，倘若他有不顺心的事情，想要大发脾气时，他就会抓一抓面前的这盆沙子，舒缓一下自己激动愤怒的情绪。这盆看似不起眼的细沙，已经陪伴他几十年了。从青年到中年，这一路走来，他已经从一个做事容易冲动莽撞的少年成长为今日成熟稳重而又富有经验的管理者。老总又语重心长地对小李补充了一句：“要首先学会管理好自己的情绪，继而才能够管理好其他的事情。”

此刻的小李感到如同醍醐灌顶，恍然大悟。从那以后，他兢兢业业、勤勤恳恳地做着自己手中的这份工作，再也不会因为这份工作的烦琐和无足轻重而感到不满或者大发脾气了。过了一段时间之后，大家都觉得小李仿佛像是变了一个人一样，整天乐呵呵的，不管让他做什么，他的脾气总是那么好，还会特别认真地去完成别人交代的任务。因此，他在公司越来越具有人气，很快，他就被大家举荐升了职。

每个人都不可能永远生活在一个一成不变的环境中，也不可能一直处于一个一成不变的位置上，因此，我们对待自己的要求也应该随时随地改变，而不应该抱着惯有的态度去对待周围已经改变了的一切。委屈受气有时候对一个人来说也是一种锻炼，它可以让一个人变得更加坚忍。

心怀一颗宽容之心才能让自己心灵的空间无限扩大，才会让自己忘掉所有的委屈、不满与不快，以一种平和的心境去看待周围的一切。“不以物喜，不以己悲”，总有一天，我们会用自己所承受的“委屈”换得意想不到的收获。

伟大的人都会推销自己

卡耐基说：“生活就是一连串的推销，我们推销商品，推销一项计划，也推销自己。推销自己是一种才华，一种艺术。当你学会推销自己，你几乎就可以推销任何有价值的东西。”从某种意义上讲，在职场奋斗的过程，其实就是一个一步步完全展示自己、不断推销自己的过程。

一个年轻人在网上看到一份适合自己的工作。他把简历发过去，下午就收到了面试通知，公司让他第二天早上 8 点去面试。

第二天早上 8 点，年轻人赶到面试地点，却沮丧地发现前面已有 35 个求职者了，他排在第 36 位。可见，这份工作是多么炙手可热，那么多人都抢着要这份工作。年轻人想：如果我就这么等下去，说不定轮到我之前老板早已经确定人选了。于是，他急中生智，拿出一张纸，在上面写了些字，恭敬地对工作人员说：“不好意思，麻烦您把这张纸条交给您的老板，这非常重要。”

工作人员把纸条交给老板，老板一看，笑了，只见纸条上写着：“面试官大人，我排在队伍的第 36 位，在您看到我之前，请不要做决定。”

因为这句话，老板对这个年轻人的印象非常深刻，觉得他是一个很会推销自己的人，再加之招聘的岗位就是销售员，于是，这个年轻人被公司高薪聘用。

这个故事告诉我们，想成功就需要懂得推销自己。

在现实生活中，我们常常会看到这样的现象，有些人才华横溢，但是找不到理想的工作；有些人工作勤勤恳恳，颇有成效，但得不到上司的赏识。于是他们开始感叹世道的不公，感叹英雄无用武之地。其实并不是他们没有能力，而是他们不会推销自己，从而埋没了自己的才能。

在现代社会中，推销自己真的是一门很重要的学问。人人都是推销员。不论你从事何种职业，你同时也是一位推销自己的推销员，随时都在向别人推销你的观点和意见，其主要目的就是使别人认同你、接受你、欣赏你。推销自己，说得简单一些就是展示自己的才华，这和吹嘘自己是完全不同的。你的言谈举止、社交礼节、学识修养的展示，不仅使别人对你的言行产生一定的印象，也使你能更有效地改进自己，顺应社会。

推销自己与我们的生活紧密相连，你会发现，生活中的每一个环节，都需要发挥推销的功能。例如，向老板推销自己的能力，向出版社推销自己的作品等。当你学会了推销自己，几乎也就可以推销其他任何值得拥有的东西。

推销自己，在我国古代就已开先河，东方朔就是一名善于推销自己的人。他刚入长安时，向汉武帝上书，就用了三千片木牍，公车令派两个人去抬才勉强能抬起来。汉武帝用了两个月才把它读完。东方朔在奏章中一点儿也不忌讳地说了自己一大堆的优点，称自己是个不可多得的人才。汉武帝看完他的奏章，心动不已，但怀疑他是夸夸其谈，没有马上重用。

东方朔并没有灰心，而是另辟蹊径向汉武帝推销自己。当时，与东方朔并列的侍臣中，有不少是侏儒，东方朔就吓唬他们，说皇帝嫌他们没用，要全部杀死他们。侏儒们吓坏了，禀告汉武帝，汉武帝便诏问东方朔为何要吓唬他们。

东方朔见机会来了，就说："那些侏儒不过三尺，俸禄是一袋米，二百四十个铜钱，我东方朔身长九尺有余，俸禄也是一袋米，二百四十个铜钱。侏儒饱得要死，我却饿得要死。陛下要觉得我有用，请在待遇上有所差别；不想用我，可罢免我，那我也用不着在长安城要饭吃了。"

汉武帝听了大笑，决定马上提高他的待遇。东方朔之所以一直是汉武帝面前的红人，靠的就是他的自我推销的艺术。

在职场，很多人怕丢面子，不好意思，每当谈到自己的时候，总是忸忸怩怩、羞羞答答，敢想不敢说，甚至连想都不敢想，因为怕有人说他狂妄自大、爱出风头。另外有一些人，自视清高，信奉什么"酒香不怕巷子深"的教诲，以为自己是金子就一定会发光，但却忘了世界上"千里马常有，而伯乐不常有"。如果在推销自己时，做到实事求是，不卖弄也不夸张，恰如其分，谁会说你妄自尊大呢？即使你是千里马，如果你不跑上几圈，谁能知道你是千里马呢？

坚持不懈就是在成就自己

每个人都有自己的目标，许多人为了自己的目标而坚持不懈地奋斗，然而也有许多人在半途中就放弃了。伟大的发明家爱迪生一生中发明了许多东西，这些成果都是他用坚持不懈的奋斗换来的。爱迪生在发明电灯的时候，曾经为找到合适的灯丝做了无数次实验，也失败了无数次，但他从来没有放弃过，一直坚持不懈地做，最后终于成功了。

意大利著名男高音歌唱家卢西亚诺·帕瓦罗蒂，回顾自己走过的成功之路时说："当我还是个孩子时，我的父亲——一个面包师，就开始教我学习唱歌。他鼓励我刻苦练习，培养发声的功底。后来，在我的家乡意大利的蒙得纳市，一位名叫阿利戈·波拉的专业歌手收我做他的学生。那时，我还在一所师范学院上学。在毕业时，我问父亲：'我应该怎么办？是当教师还是成为一个歌唱家？'我父亲这样回答我：'卢西亚诺，如果你想创造人生的辉煌，就要坚持不懈地走下去，在生活中你应该选定你的人生走向。'我做出了选择，我忍住失败的痛苦，经过7年的学习，终于第一次正式登台演出。此后我又用了7年的时间，才得以进入大都会歌剧院。现在我的看法是：不论是砌砖工人，还是作家，不管我们选择何种职业，都应有一种献身精神——坚持不懈是关键。”

一个生活在旧金山贫民窟的小男孩，小时因为营养不良而患上了软骨病，6 岁时，双腿因病变成弓字形，使小腿进一步萎缩。

小男孩从小就有一个梦想，就是将来要成为一位伟大的美式橄榄球的全能球员。他是传奇人物吉姆·布朗的球迷，每逢布朗所属的克利夫兰布朗队和旧金山 49 人队在旧金山举行比赛时，小男孩都不介意双腿的不便，一拐一拐地走到球场去为布朗队加油。可他太穷了，根本买不起门票，只好等到比赛快要结束时，乘工作人员推开大门之际混进去，观赏最后几分钟。

小男孩 13 岁时，在一次布朗队与 49 人队比赛之后，终于在一家冰激凌店与心中的偶像碰面，这是他多年的愿望。他勇敢地走到布朗面前，大声说：“布朗先生，我是你忠实的球迷！”吉姆·布朗说：“谢谢你！”小男孩又说：“布朗先生，你想知道一件事吗？”布朗转身问：“小朋友，请问何事？”

小男孩骄傲地说：“我记下了你的每一项纪录，每一次胜利。”吉姆·布朗快乐地微笑着说：“真不错。”小男孩挺直胸膛，双眼放光，自信地说：“布朗先生，终有一天我会打破你的每一项纪录。”

听完此话，吉姆·布朗微笑地对他说：“孩子，你叫什么名字，真的好大的口气！”小男孩十分得意地笑着说：“先生，我叫奥伦索！奥伦索·辛普森。”

后来，奥伦索·辛普森正如他少年时所讲，他克服了种种的困难，终于打破了吉姆·布朗的一切纪录，同时又创下一些新的纪录。

当困难绊住你成功的脚步时，当失败挫伤你进取的雄心时，当负担压得你喘不过气时，不要退缩，不要放弃，不要裹足不前，一定要坚持下去。因为，只有坚持不懈才能通向成功。

不要把自己局限在自己的认知里

潜能激发的前提是相信人都具有巨大的潜能，而且这些潜能还没有被释放出来。人们可以通过自我激励来开发潜能，但更可靠、更适用的方法是通过外因的激发带来能量的释放。

潜能是蕴藏在人体内的一种强大的力量，一旦激发就会创造超越自我的奇迹。一项调查表明，常人潜能的利用率只有6%～8%，像爱因斯坦这样伟大的科学家也仅使用了10%左右，换句话说，人所利用的潜能只是蕴藏在体内潜能中极少的一部分，如果这些未被利用的潜能全部释放出来，人人都是超人！

在法国一个野外的军用飞机场上，一位名叫桑尼耳的飞行员正在专心致志地用自来水枪清洗战斗机。突然，他感到有人用手拍了一下他的后背。他回头一看，吓得大叫一声，拍他的哪里是人，是一只硕大的狗熊正举着两只前爪站在他的背后！桑尼耳急中生智，迅速把自来水枪转向狗熊。也许是用力太猛，在这万分紧急的时刻，自来水枪竟从手上滑了下来，而狗熊已朝他扑了过去……他闭上双眼，用尽吃奶的力气纵身一跃，跳上机翼，然后大声呼救。

警戒哨里的哨兵听见了呼救声，急忙端着冲锋枪跑了出来。两分钟后，狗熊被击毙了。

事后，许多人都大惑不解：机翼离地面最起码有 2.5 米高，桑尼耳在没有助跑的情况下居然跳了上去，这可能吗？如果真是这样，桑尼耳不必再当飞行员了，完全可以去当一名跳高运动员，去创造世界纪录了。

每个人都具有相当大的潜能，爱迪生曾经说过："如果我们做出所有我们能做的事情，我们毫无疑问地会使自己大吃一惊。"

在"二战"期间，一艘美国驱逐舰停泊在某国的港湾。那天晚上万里无云，明月高照，一片宁静。一名士兵例行巡视全舰，突然停步站立不动，他看到一个乌黑的大东西在不远的水上浮动着。他惊骇地发现那是一枚触发水雷，可能是从一处雷区脱离出来的，正随着退潮慢慢向着舰身中央漂来。他抓起舰内通讯的电话机，通知了值日官，而值日官马上快步跑来。他们也很快地通知了舰长，并且全舰立即动员起来。官兵们都愕然地注视着那枚慢慢漂近的水雷，大家都了解眼前的状况：灾难即将来临。军官立刻提出各种办法：该起锚走吗？不行，没有足够的时间；发动引擎使水雷漂离开？不行，因为螺旋桨转动只会使水雷更快地漂向舰身；以枪炮引发水雷？也不行，因为那枚水雷太接近舰里面的弹药库。那么该怎么办呢？放下一只小艇，用一根长竿把水雷携走？这也不行，因为那是一枚触发水雷，同时也没有时间去拆下水雷的雷管。悲剧似乎是没有办法避免了。

突然，一名水兵想出了比所有军官所能想到的更好的办法。"把消防水管拿来。"他大喊着。大家立刻明白这个办法可行。他们向舰艇和水雷之间的海面上喷水，制造一条水流，把水雷带向远方，然后再用舰炮引炸了水雷。

这位水兵真是了不起，他具有在危机状况下冷静而正确地思考的能力。其实我们每个人的身体内部都有这种天赋的能力，也就是说，不论有什么样的困难或危机影响到你的状况，只要你认为你可以找到解决办法，你就真可能找到处理和解决这些困难或危机的方法。对你的能力抱着肯定的想法就能发挥出积极心智的力量，并且产生有效的行动。

你有没有听过一只鹰以为自己是一只鸡的寓言？

一天，一个喜欢冒险的男孩爬到父亲养鸡场的一座山上，发现了一个鹰巢。他从巢里拿了一个鹰蛋，带回养鸡场，把鹰蛋和鸡蛋混在一起，让一只母鸡来孵。孵出来的小鹰和小鸡一起长大，因而小鹰以为自己是一只小鸡。

开始这只小鹰很满足，过着和鸡一样的生活。但是，当它逐渐长大的时候，它内心里就有一种奇特不安的感觉。它不时想："我一定不只是一只鸡！"只是它一直没有采取什么行动。直到有一天，一只老鹰翱翔在养鸡场的上空，小鹰感觉到自己的双翼有一股奇特的新力量，感觉胸膛里的心正猛烈地跳着。它抬头看着老鹰的时候，一种想法出现在心中："养鸡场不是我待的地方。我要飞上青天，栖息在山岩之中。"

小鹰从来没有飞过，但是它的内心里有着飞的力量和天性。它展开了双翅，飞到一座矮山的顶上。极为兴奋之下，它再飞到更高的山顶上，到了高山的顶峰，它发现了伟大的自我，最后冲上了青天。

当然会有人说，这不过是则寓言而已。很多人往往会认定自己就是一个平凡的人，也从来没有期望过自己能做出什么了不起的事来。或许这正是问题所在——你从来没有期望过自己能够做出什么了不起的事来，总是自己把自己局限在自我期望的范围以内。

匮乏是因为没有大的格局

大格局造就大发展，小格局导致失败。格局小，人生多半会碌碌无为，一辈子无所作为；格局小，人生之路定然会越走越窄；格局小，脑海中就会出现大的障碍；格局小，就会目光短浅，只顾眼前的利益；格局小，自然也不会对未来进行规划……人生中所有的匮乏都是因为格局小。

一个人的命运不是取决于上天的安排，而是取决于自己，或者说是自己的人生格局。很多大人物之所以可以获得物质和精神的富足，是因为他们在自己还是一个微不足道的小人物时就不断地规划自己的人生大格局。

2016 年 5 月，36 岁的王小茹得到一次升职机会，担任杭州分公司总经理。

王小茹纠结了很久，一来，这次升职对她很关键，具备了分公司的管理经验，未来就有可能谋得更高层的岗位，不接受的话，会丢掉一次不错的机会；二来，孩子眼看就要上小学了，学习开始变得紧张，老公一定不会同意。可是，考虑到孩子一直都是由老人帮着带大的，便觉得之后的几年应该也可以，也就是说，孩子这块根本就没问题。

王小茹将这件事告诉了老公，可是老公坚决反对王小茹去杭州外派两年，理由是：其一，孩子小时候最需要妈妈的陪伴，不顾及孩子的感受，很自私，孩子上幼儿园，她就没怎么照顾，难道孩子上了小学，还要做个甩手掌柜？其二，家庭与工作不能兼得，总得做出一些牺牲；其三，家庭经济状况还算富裕，不需要两个人一起在外打拼。

为了说服老公，王小茹列举了多种解决方式：把孩子带在身边一起去杭州；周末都尽量回家，保证家庭的和谐与沟通；这次外派的吸引力并不是金钱，而是职业生涯中少有的机会；时间只有两年……可是丈夫听不进去，执意反对。

王小茹无奈，对丈夫说："如果今天外派的是你，你觉得，我会不会支持你？角色换成我，结果就不一样了吗？你怎么这么自私？"

最后，王小茹毅然决然地接受了公司的委派。离开家在杭州工作了一个星期，王小茹都没有收到丈夫的电话或问候短信，她感到心里很难过。可是，她却不后悔自己的决定。

老话讲得好：大多数做出成绩的男人背后往往都站着一个默默支持他的女人，但是为梦想努力的女人背后通常都没有一个能支持她的男人。故事中，王小茹丈夫的格局太小，虽然家庭条件现在不错，但这种男人往往撑不起婚姻与家庭的重担，在事业上也无法做出非凡的成就。

格局小的人，常常因为生活的不如意而怨天尤人，因为一丁点儿小挫折就唉声叹气，看待问题的时候也经常一叶障目，最终只能沦为碌碌无为的人。

有这样一个经典故事：

一位哲学家路过一个建筑工地，看到三个工人正在烈日炎炎下汗流浃背地砌墙。

哲学家走上前，与他们进行了简单的交流。哲学家问他们说：“朋友们，你们这是在做什么啊？”

第一个人转过身来，瞟了他一眼，没好气地扔掉手中的工具，不耐烦地说：“你瞎啊！没看见我们在砌墙？这么热的天，简直不让人活。太遭罪了！”看样子，这个人对工作很不满。

第二个工人听到哲学家的问话，并没有转身，一边继续砌墙，一边回答说：“我们在上班呢，虽然这个工作比较累，但是每天可以收入几十美元，养家糊口是够了。对不起了先生，我不能继续和你说了，我要干活了，如果今天的工作量完不成，我可能就要喝西北风了。”哲学家知道，这位工人对工作很不满意，可是为了生活，他不得不在这里做，已经形成一种习惯。

第三个人似乎对工作很感兴趣，他一边工作一边愉快地回答哲学家：“我们在建造世界上最坚实、最漂亮的房子！您过一段时间再过来，一定可以看到我们亲手建成的房子的。”

后来，第一个人因对工作不满意而辞职。在之后的几年里，他接连换了很多工作，很多工作都在新鲜劲过了之后感到厌倦，循环往复，最终碌碌无为；第二个人踏踏实实地砌了几十年的墙，把自己的一家老小养活得很好，但是一直没有什么太大的发展；第三个人先是成了一名包工头，后来又成了一家房地产公司的老总，由他设计、建筑的房子、大厦、公寓楼、别墅等，得到了客户的认可与好评。

三种不同的人生格局造就了三个人不同的命运。同样是一份工作，第一个人只能从工作中感到枯燥无趣，看不见前途；第二个人身负责任，为了维持一家老小的生计而去做自己不喜欢的工作，只是机械地、麻木地工作罢了；第三个人却从枯燥的工作中看到一片光明，把眼下的工作当作是自己事业的一部分，最终功成名就。

成功者之所以会获得大的财富，是因为其本身就有一个很大的格局，他们心胸开阔，在性格、气势和信念上都拥有一般人所没有的东西，能够用战略的、发展的、全局的眼光来看待生活与工作，他们都想通过自己的努力获得成功。

每个人都希望自己可以鸿运当头、事事顺利，不过更应该明白的是，好运气并不是上天赐予的，只有历经各种磨难，才能成为成功者。而格局小的人，脑海中看到的全是障碍，只在意眼前的利益得失，对未来缺少系统规划，最终也只能成为失败者。

不逃避是因为要用力活

如果我们把工作当作一种谋生的手段，当作混碗饭吃的一件差事，我们肯定不会去重视、喜欢它。如果我们将之视作深化、拓宽我们自身阅历的一种途径，工作在我们眼中就会成为最愉快的事情。

如果你对工作充满着抱怨，消极对待，斤斤计较，把工作看成是苦役，那么，你对工作的热情、忠诚和创造力就无法被最大限度地激发出来，也很难说你的工作是卓有成效的。你只不过是在“混日子”罢了！

要知道，工作是必须面对的人生课题，生活也同样如此。没有一个成功人士会去逃避工作和生活——哪怕工作再不尽如人意，哪怕生活再枯燥乏味，他们的原则只有一个：努力投入其中，然后做出改变。假如有能力改变环境那就改变环境，假如没有能力改变环境，那就改变自己。

有一个故事说，一个人厌倦了城市里的工作，卖掉了房子，搬到树林中的小木屋去住。他想找到心中的宁静，而这恰恰是城市生活所不能给予的。在乡下住了几个星期，他感到自己的愿望得到了满足，然而，他又思念起单位中的朋友与工作中的快乐。当他的这种不安加剧时，他又急着要搬家了。

这次，他决定搬到一座小城市中去工作、生活。在小城市里，他有散步的伙伴，可以享受到城市的诸多便利，又无大城市中那种繁重的工作压力。的确，在这个大城市与乡村的中间地段，他不难找到宁静。然而，在小城市里工作了一段时间之后，他又遇到了未曾预料的问题。小城里的同事很难接受一位外来者，而他们在探听他的隐私方面倒是既热心又大胆。不久他发现，小城中流传着一些有关他的奇怪谣言，这令他烦恼不已。他又一次不安起来，并得出结论：世界上没有什么地方能够找到安宁，没有什么工作不需要坚持。于是，他又搬回到大城市里，重新工作，重新生活，并不断在工作中寻找到了各种快乐！

我们可以逃避现实生活，就像这个人一样，讨厌城市的喧闹就搬到森林里去住，受不了森林不便利的生活条件又再搬回城市，但我们最终都要回归到一点：生活的本质是真实的，痛苦和快乐始终会存在，你无法逃避，该出现的问题总会出现，越是逃避，我们的生活越不尽如人意。所以，我们要勇敢面对生活，面对工作。

要知道，逃避的心理会让我们在生活和工作中充满痛苦，而非快乐。想想看，平时你不认真工作，所有的工作都积压起来，事到临头的时候，你就会手足无措；当你因为自己偷懒而影响了整个团队的工作计划时，你的良心将遭受谴责。由于你的逃避心理，没有尽职尽责地工作而导致出现问题时，你可以心安地面对给公司造成了巨大的损失吗？工作是琐碎的，也是重要的，人生的成就就是由这些琐碎的小事堆积而成的。每一份工作，每一个任务对我们来说都是考验，是我们迈向成功的必经之路。

有一个年轻人总是对生活充满了忧虑，他担心自己掉头发，担心没钱成家，担心失去亲爱的女友，担心别人对自己印象不好，担心被老板炒鱿鱼。

后来，他决定到佛罗里达州去旅行，希望换个环境，化解自己的忧虑。上火车时，父亲交给他一封信并叮嘱，一定要等到了佛罗里达之后再打开来看。他到佛罗里达的时候正是旅游旺季，因为订不到旅馆房间，他就租了个车，整天在海滩上打发时间，他觉得还是那么难过，于是他拆开那封信，想看看父亲写的是什么。

信上写道："儿子，你现在离家已经有1000多千米了，不过并没有什么改变，对不对？我知道为什么，因为你把烦恼也带去了，那烦恼就是你自己。令你灰心丧气的不是你所遭遇的各种事情，而是你对这些事情的想法。一个人的想法太多了就会变成一种负担，你应当抛开这些想法，做每天应该做的事，才会过得快乐。如果你能只做每天应做的事，没有过多的担心和想法，那么，就回家来吧，那样你就能放下心中的负担了。"

这个年轻人看完父亲的信后，觉得非常生气，因为，他要的是理解，而不是任何指示。那天晚上，当他经过一所教堂的时候，他走了进去。教堂里正在传道，讲的是战胜精神胜于攻占城池。他坐在教堂的后面，听到了和他父亲说的同样的道理，才发现自己一直很傻。他看清楚了自己，认识到唯一能改变忧虑和烦恼的，只是改变他心中的想法。

一个星期以后，他收拾行李回家了，又去干他以前的那份工作，并娶了那个他一直担心失去的女孩子。当他精神恢复的时候，他已是一个小部门的主管，手下有十几个人；后来他成为一家纸箱厂的厂长，管理数百名员工。他的生活比以前更充实、更有价值了。

后来，他为此反思道："我现在能够使我的情绪为我所用，而不会有损于我，我才知道我父亲是对的。使我烦恼的，确实不是外在的情况，而是我自己的内心世界。"

人活在世上，许许多多的烦恼与不快都源于我们自己有太多的想法。如果我们能够踏踏实实做好每天应做的事，没有太多不切实际的想法，就能减少很多心理的负担。

要有容人之长的肚量

我国历史上伟大的教育家孔子说过“三人行，必有我师”，的确，每个人都有自己的优点和高人一筹的地方，所以，如果想要让自己变得更优秀，就要懂得敏而好学，取长补短。而要做到“取人之长，补己之短”，就先要有能够包容别人的优点和长处的胸怀。一个既自愧技不如人，又不愿意向人学习，还小肚鸡肠、嫉贤妒能的人，只会让自己永远处于下风。《三国演义》里周瑜和诸葛亮两人之间的故事就是这方面的典型例子。

在《草船借箭》这一回里，周瑜一直想要找机会加害诸葛亮。一天，周瑜要诸葛亮十天造十万支箭，诸葛亮说三天就能造好。周瑜觉得三天造十万支箭是根本不可能的，就答应给他三天时间。接着，诸葛亮向鲁肃借了二十只船，每只船有三十多个士兵，并对这些船加以布置，还叫鲁肃不要告诉周瑜。第三天早上，雾很大，诸葛亮请鲁肃一起坐上船，当船只驶向离曹军不远的地方时，便让士兵开始擂鼓呐喊。曹军以为敌人来了，忙叫弓箭手射箭。等雾散开时，曹军方知是诸葛亮设计用草船得了他们的箭。

这让周瑜在心里佩服诸葛亮之余又感到气愤不已：自己好不容易想出

了这么一个可以为难诸葛亮的法子，没想到诸葛亮只用了一个早上的时间就轻而易举把问题给解决了，本来自己是打算和大家一起看诸葛亮的热闹的，最后却变成了诸葛亮和大家看自己的热闹了。周瑜原本就很嫉妒诸葛亮的才华，经过这件事，周瑜对诸葛亮更加嫉恨了。

周瑜和诸葛亮之间有很多斗智斗勇的故事，但最典型的故事还要数“诸葛亮三气周瑜”。

赤壁之战结束之后，孙刘联军大获全胜，致使曹操败走。孙刘两家此时为各自的利益考虑都盯住了荆襄之地。因为刘备当时还没有建立起自己的领地，所以他非常希望能够夺取荆襄之地作为自己的基业，而孙权也对荆襄之地垂涎欲滴、虎视眈眈，因为取下荆襄他就可以凭借长江之险与曹操抗衡。

很快，刘备就和诸葛亮带领人马驻扎在油江口，准备夺取荆州。周瑜得知刘备屯兵，就明白他有夺取荆州的意思，于是他亲自赴油江与刘备谈判，而且他在心里已经盘算好，一旦谈判不成功的话，他就先攻打刘备，之后再取南郡。诸葛亮为刘备献上妙计，让刘备答应周瑜，只有当东吴攻不下南郡时自己才能去攻取。不过刘备心中仍然很担忧，他怕东吴一旦真的攻下南郡之后，自己就没有容身之地了。诸葛亮却宽慰他说：“任凭周瑜去与对方厮杀吧，早晚在南郡城中高坐的都会是主公你。”那时曹操虽然已经败走，但他却留下猛将曹仁坚守南郡，又留下心腹大将夏侯惇据守襄阳，这两个地方想要攻打下来都有着相当的难度。

在攻打南郡的时候，周瑜也的确付出了惨重的代价，吃了好几次败仗，连他自己也中了毒箭，但最终他还是将曹仁击败。当他率领人马来到南郡城下，准备进城的时候，却发现城池已被刘备的属下赵云所袭取。就在这时，又有探马来报，说荆州守军和襄阳守军都被诸葛亮用计调出，城池都已被刘备夺取。火冒三丈的周瑜愤怒地说："不杀诸葛村夫，怎息我心中怨气！"

这就是诸葛亮一气周瑜的故事。

当刘备夺取荆州之后，周瑜派鲁肃前去讨个说法，刘备狡辩道：荆州本是刘表的地盘，如今刘表虽然死了，但刘表的儿子刘琦依然还活着，自己作为刘琦的叔叔，辅佐侄子取回属于侄子的地盘又有什么不妥的呢？听起来这话似乎还有些道理，但不久刘表之子刘琦也不幸夭折。当鲁肃再去讨说法时，诸葛亮又一次机智灵活地辩解，说刘备是皇族，本就该有土地，何况刘备还是刘表的族弟，这本是弟承兄业，并且刘备在赤壁之战中也曾立功。诸葛亮巧舌如簧的辩解令鲁肃这个老实人不知道该如何应对。到了最后，刘备一方终于答应说荆州算是暂时跟东吴借用的，但必须得等到他们取了西川之后再还，并且还为此立下了白纸黑字的文书。此时正赶上刘备的夫人去世，于是，周瑜便撺掇孙权用嫁妹的计谋将刘备骗到东吴来再把他杀了，继而夺取荆州。然而，周瑜没想到他这个计谋被诸葛亮识破，于是，诸葛亮便将计就计让刘备与吴侯之妹成了亲。到了岁末年终的时候，刘备依照诸葛亮的计谋携夫人几经周折离开东吴时，周瑜亲自带兵追赶，没想到却被刘备属下关羽、黄忠、魏延等将追得无路可走，岸上的军士齐声大喊："周郎妙计安天下，赔了夫人又折兵！"

周瑜被气得箭疮迸裂，此即诸葛亮二气周瑜。

过了一段时间，刘备却丝毫没表现出要取西川的迹象，此时曹操为了瓦解孙刘联盟，表奏周瑜为南郡太守，程普为江夏太守。于是周瑜再遣鲁肃去讨荆州，诸葛亮再次狡辩一番。周瑜便设下"假途灭虢"之计，名义上是替刘备收取西川，其实是想要夺取荆州，不想又被诸葛亮识破。周瑜上岸不久，就有几路人马杀来，只听众人喊道"活捉周瑜"，周瑜气得箭疮再次迸裂。由于疮口严重，周瑜奄奄一息，在临终前，他给孙权写信，向孙权推荐鲁肃接替自己的职位，同时，又对他的部下说："吾非不欲尽忠报国，奈天命已绝矣。汝等善事吴侯，共成大业。"死前，仰天长叹："既生瑜，何生亮！"

周瑜至死都不明白导致他命丧黄泉的并非别人，而是他自己。他三番五次所要的小聪明都被诸葛亮识破，并且每次诸葛亮都能够想出对付周瑜的好办法。小心眼的周瑜既无法容忍诸葛亮这个绝顶聪明的大师，也无法容忍自己在众人面前的尴尬与狼狈，更无法容忍自己竟然屡屡败在诸葛亮的神机妙算之下，最终导致自己箭疮复发，气绝身亡。

历史就是一面镜子，它让我们看清了过去，也认清了自己，让我们更加懂得了当同样的事情发生在我们身上时该如何处理。当我们发现别人某一方面比自己强势、比自己更优秀的时候，就应该以一颗包容的心态去对待，看到别人的优点，就谦虚地向别人学习。看到别人取得了成功，就真诚地为成功者祝福、喝彩。

第七章

境界——境界的高低决定成就的大小

境界的高低决定一个人的成就

生活赋予我们的机会都是平等的，生活品位的高低、生活的幸福与否、事业的成功与否，都由自己把握，所有的一切不在于命运的安排、机遇的垂青，而在于个人境界的高低。境界高的人，才会有长进、有收获、有所成；境界低的人，只能一如既往地懦弱、贫困和痛苦。要成功，就要从提升自己的境界开始。

在庄子的《逍遥游》中有这样一段：

“北冥有鱼，其名为鲲。鲲之大，不知其几千里也；化而为鸟，其名为鹏。鹏之背，不知其几千里也；怒而飞，其翼若垂天之云……鹏之徙于南冥也，水击三千里，抟扶摇而上者九万里，去以六月息者也。”

对此，蜩与学鸠笑之曰：“我决起而飞，枪榆枋而止，时则不至，而控于地而已矣，奚以之九万里而南为？”

庄子说：“适莽苍者，三餐而反，腹犹果然；适百里者，宿舂粮；适千里者，三月聚粮。之二虫又何知！”

这就是境界不同的表现，境界不同，到达的地方自然也就不一样。没有眼光气度，目之所及就是世界，看不长远，前途也就有限。有远见有见识的人，才能有大事业。那么，什么是人生境界呢？一个人的思想境界，不仅代表着他的精神追求，还代表着他的人生价值取向，并蕴含在其为人处世、工作生活等活动中。

每个人的缺点与优点、天真与世故，都与他人不同。这些都是经过长时间的积淀形成的。每个人的境遇都不同，有所想，便会有所成；懂得持之以恒地思考问题，才会长久地拥有已得的成就。弱者不自强，强者也无法更好地扶持他。所以，弱者当自强。只有不断提升自己的思想境界，才会有进步、有收获、有所成；不提升自己的思想境界，就只能原地踏步。

1845 年，一对兄弟来到纽约，二人商量如何维持生计。作为外来移民，他们在纽约的生活简直举步维艰。哥哥泡菜做得好，弟弟比他小、没什么技能。最后，哥哥到加利福尼亚的乡下种白菜，然后开始做泡菜；弟弟则留在了纽约，一边工作一边读书，靠着勤工俭学，修完了地质学和冶金学课程。

四年后，弟弟大学毕业，到加利福尼亚看望哥哥。哥哥问弟弟：“这四年你得到了什么？”弟弟说，我除了读书，其他的什么也没有。哥哥把弟弟带到自己的菜园，自豪地向弟弟介绍这一年的劳动成果，并鼓动弟弟留下来为自己工作。

弟弟蹲在地上仔细观察了一会儿土壤，然后抓了一把土放进水盆里漂洗。他对哥哥说：“我现在要测量一下你的这块土地。”弟弟发现，脸盆底下有一些金色物质。等他运用冶金和采矿方面的知识进行鉴定后，长叹一声：“哥哥，你知道吗？这些年你一直都在金矿上种白菜！”

很多人享受着生活带来的秩序，机械地生活着，从来没有想过跳出自己现有的经验系统，重新审视一下自己：我还能换一种生活吗？我当前所拥有的这些技能，能发挥更大的用处吗？

人的境界有高有低，境界低，就无法发现大千世界的别样景色，只能长时间局限在自己的小圈子里，墨守成规。生活给予每个人的机会都是一样的，生活质量的高低或成就的高低，并不在于现实是否给我们提供了平等的机会，而在于你的境界为你确立了什么样的价值观。

一个人境界的高低，决定着人生成就的高低。

不怕生命中的苦难，就怕境界太低

每个人的生活都不是一帆风顺的，在生命的旅程中，我们总会有逆水行舟的时候。古人有“逆水行舟，不进则退”的说法，意思就是让我们在遭遇逆境的时候，千万不可因为畏惧而退却，或由于一次两次的受挫而停滞不前。如果我们能够宽容地看待生命中遇到的所有事情，那么在面对困难的时候，就会毫不畏惧地勇往直前。

帕格尼尼是一位世界级小提琴家，他是一位善于用苦难的琴弦将音乐演奏到极致的奇人，也是一位典型的多灾多难者。

4 岁时的帕格尼尼，一场麻疹和强直昏厥症险些要了他的命，家人甚至都已经将他白布裹尸殓入棺材，但他又奇迹般地从鬼门关逃了回来。7 岁时又差点死于猩红热，在 13 岁时，得了非常严重的肺炎，只得大量放血治疗。到了 46 岁时，他的牙床竟然长满脓疮，不得不将所有的牙齿全部拔掉。等到牙病好不容易痊愈了，他又传染上了可怕的眼病，只有靠儿子作拐杖才能得以前行。等到他过了 50 岁，各种疾病都随之而来，关节炎、肠道炎、喉结核等病痛交织在一起折磨着他，后来，就连他的声带也发不出声音来了，只得靠着他的儿子按照他的口形来翻译他的思想。最终，他仅仅活了57岁，就口吐鲜血死去。即便是他的尸体也备受折磨，先后被搬迁了八次。

尽管苦难不断，但帕格尼尼却凭借自己的勤奋努力成了举世瞩目的音乐家。为了练琴，他长期把自己囚禁在屋子里，每天练琴长达12个小时，可以说是废寝忘食。他从3岁开始学琴，12岁就举办了自己的首场音乐会，而且一举成功，轰动了舆论界。帕尔马首席提琴家罗拉在听到他的演奏时甚至惊异得从病榻上跳了下来，呆呆伫立，称自己无颜面收他为徒。歌德对帕格尼尼的评价是“在琴弦上展现了火一样的灵魂”。

试想，如果帕格尼尼一开始就放弃在困难中挣扎、放弃与命运做斗争的权利，那么他也就不会取得后来的惊人成就。

弥尔顿、贝多芬和帕格尼尼被认为是世界文艺史上的三大怪杰，但他们三个人竟然一个成了盲人，一个成了聋人，一个成了哑巴！然而，沉重的困难和灾难并没有打倒他们，却让他们更加执着于自己对理想的追求。

人在困难面前要有越挫越勇的信念、勇气和决心，永远不低头，永远不放弃，仰头面对风雨，期待晴空与彩虹，要相信总有一天，自己会成为雨过天晴后晴空下的主角。

美国残障教育家海伦·凯勒在19个月大的时候就由于猩红热发高烧，使脑部受到伤害而导致失明与失聪。她眼睛看不到，耳朵听不到，后来甚至连话也说不出来了。

海伦·凯勒只有在黑暗中摸索着长大。在她7岁那一年，为了能让海伦受到一些教育，她的家人为她请了一位家庭教师，这个人就是影响海伦一生的莎莉文老师。莎莉文小时候眼睛也差点失明，因此，她非常了解海伦失去光明的痛苦。

在莎莉文反反复复的辛苦指导下，海伦用手触摸学会了手语，摸点字卡学会了读书，后来竟然还以用手摸别人嘴唇的方式，克服了常人难以想象的困难学会了说话。

莎莉文老师为了让海伦能够感受到大自然的一切，便带着她一起在草地上打滚，一起在田野里跑跑跳跳，一起在地里埋下种子，一起爬到树上吃饭，还带她去摸刚出生的小猪。海伦在老师的爱和关怀下，竟然克服了失明与失聪的重重障碍，完成了大学学业。

1968 年，87 岁的海伦去世，她终生致力于服务残障人士的事迹传遍了全世界。她写了很多书，成了美国的著名作家和教育家。她的故事还被拍成了电影，她坚强的意志和卓越的贡献感动了全世界。

在逆境中成才的名人不胜枚举，古往今来，有很多名人都是通过在逆境中不懈地努力奋斗才最终取得成功的。比如，我国古代著有《史记》的司马迁，李陵一案使他蒙受了奇耻大辱，又使他身受宫刑，然而他最终还是战胜了这些磨难，坚持写完了《史记》这部辉煌的巨著。再比如现代华人张士柏，他经历了从游泳健将到高位截瘫的巨大变更，但他却并没有因此一蹶不振，而是将这种苦难化为动力，比以前更加勤奋学习，完成了很多连健康人都难以做到的事情。另外还有大家所熟知的张海迪等。

如果你把人生中的磕磕绊绊看成是对自己的一种锻炼，一种考验，一种磨砺，并且能够以一种泰然自若的宽容胸怀去接受它，以一种毫不畏惧的勇气去战胜它，那么最终你的人生与其他人相比，将会是别有意义的。不经历大风大浪，又怎能到达胜利的彼岸？不经历狂风暴雨，又怎能见到美丽的彩虹？同样，我们若不经历艰难困苦的磨砺，又怎能让自己变得坚强？“苦难是所学校”，而在这所学校里，学得好与坏却要看我们自己用一种什么样的态度来对待它了。古人讲“塞翁失马，焉知非福”，如果我们能够以乐观的心态去容纳生活中的诸多不如意，那么，我们就会发现，生活往往是因为遇到了一些痛苦才凸显出什么是快乐、什么是幸福的。

做人的最高境界是无愧于心

每个人在犯了错误时，都希望能够得到别人的原谅与宽容。然而，一旦我们犯下的是难以启齿的错误时，总会矛盾纠结，不知所措。因为一旦我们承认了自己的错误，就会招致众人劈头盖脸的严厉指责，甚至于更加严重的惩罚，然而，倘若我们不去承认，则又会受到自己良心的谴责，让我们的内心永远不得安宁。既能够得到别人的原谅，也能够得到自己的原谅，固然是件两全其美的事情，不过很多时候，我们无法收到这样两全其美的效果，那又该怎样选择呢?

刘墉在他的一篇名为《庸医与华佗》的文章中，讲述了一则让人颇为感慨的故事，内容大致如下：

在某医院里，有一位有着多年行医经验的妇科医生，几十年来，由于他的技术高超，人们都称赞他能妙手回春，赞誉他是“华佗再世”。世上没有人永远都不犯错误，这名医生也一样。由于诊断失误，他将一个孕妇子宫里的胎儿当成是肿瘤，并告知病人为了防止扩散必须得尽快进行手术。这让病人感到十分惊恐，同时也非常感激这名医生及时地发现了隐藏在她子宫里的这颗肿瘤。

病人及其家属都希望能够尽快做手术，因此，关于手术的一切很快就安排好了。对于这位已经有过多年成功手术经验的医生来说，仅仅只需要对着病人的子宫处割开一个小小的刀口，就可以将病人腹中的肿瘤摘除，并且凭着他的技术，他完全可以做到让病人没有后患。

然而，事情完全出乎医生的意料，他割开病人的腹部，仔细地向子宫内部观察，他的一只手已经将手术刀握在手里，随时准备切除病人身上的肿瘤，可眼前所见到的一切让他惊呆了。他手里的刀子停在半空中，眼睛直直地望着病人的子宫处，额头上沁出豆大的汗珠。

他简直不敢相信自己的眼睛，行医数十年都没有出现过差错，但在当下，他却遇到了万分棘手的情况：原来病人的子宫里所长的并非肿瘤，而是一个胎儿。

医生的思绪陷入激烈的矛盾斗争中，他在犹豫自己到底该不该下刀动这个手术。假如自己果真下刀将病人子宫中的胎儿拿掉，之后再告诉她肿瘤手术很成功，那么病人一定会对他感恩戴德，并且他也敢肯定，病人腹中那所谓的“肿瘤”，再也不会复发，那样的话，病人一家甚至会将他看成是“华佗再世、扁鹊再生”的恩人。当然，他也可以将病人的刀口缝合好，之后告诉病人实话，他看了几十年的病，从来都没有失误过，这一次他却出了差错。他清楚，如果这样，他是无论如何也得不到病人及其家属的原谅的。

在这仅仅不过数秒钟的挣扎中，医生感觉自己已经汗流浃背，浑身都湿透了。最终他还是狠狠心做了决定，在小心翼翼地将病人的刀口缝合完毕之后，医生回到办公室，静静地等待着病人苏醒过来后那不得不面对的一幕。

当护士通知他病人已经苏醒过来后，他站起身，长长地吸了一口气，然后向病房走去。来到病人床前，他脸上的表情严肃，这使病人以及围在病人周围的亲戚朋友都捏了一把汗，等待着医生宣布结果。

医生上前鞠了一躬："真的很抱歉！夫人，是我诊断失误。在你子宫中的并不是肿瘤，而是一个胎儿，你只是怀孕了。"医生带着满心的歉疚继续道，"不过，你不用担心，孩子一切安好，相信你一定会生下一个可爱的小宝宝！"

医生的话让病人及其亲属全都呆住了，大家都将目光集中到医生的身上，由惊讶到愤怒，病人的丈夫终于遏制不住心中的怒火，冲上前去一把揪住医生的衣领，一边摇晃着一边大声吼道："你这个庸医！我不会放过你的，我会找你算账的！"

后来，这名病人果然顺利产下了腹中的孩子，而且孩子一切都发育正常。不过这名医生却几乎身败名裂，他被病人的家属告得几乎破产，最重要的，是名誉上严重受损，人们不再相信他是一位"再世华佗"，很多人因为听说他是一位庸医都不敢让他诊治病症。

他的朋友笑话他傻，为什么不肯将错就错呢？即便是推说那是个畸形的死胎，又有谁会知道呢？他却淡然一笑，回答道："我自己知道，老天也知道！"

的确，很多人在做错事时，总以为可以瞒天过海，神不知鬼不觉，却不知，就算是其他人不知道，自己和老天也都是一清二楚的。一个人可以不在乎别人的说法，可以无视别人的责备，也可以不把其他任何人对自己的责备放在心上，却往往逃脱不了自己对自己的责备，并心生愧疚。这种自责与愧疚是对自己的一种无法逃避的惩罚，一时犯下的小错误，这种惩罚会伴随你一小段时间，然而你若铸成滔天大错，这种惩罚则会伴随你一生，让你永远无法逃出内心中自责与愧疚的牢狱。

古人说得好：“凡事不求无愧于人，但求无愧于心。”一个人做错了事并不可耻，可耻的是没有承认错误的勇气；一个人最痛苦的事不是犯了错，而是犯了错后自己无法原谅自己、宽容自己。只有做一个问心无愧的人，我们才能让自己活得坦坦荡荡。

告别狭隘之心

有两个人骑马并辔而行，其中一人所骑的是一匹国马，国马就是指平时养于民间，战时则由国家征用的马匹。另外一人所骑的则是一匹骏马。就在两人一路同行的过程中，骏马咬伤了国马的脖颈，国马虽然血流不止，但它并没有怪罪骏马，仍然行走自如，一副若无其事的样子。后来当骏马回到家中之后，却既不吃草，也不肯饮水，而且还浑身颤抖。正当骏马的主人不知所措的时候，国马的主人突然想到了其中的缘由，就说："它肯定是因为把国马咬伤了，心中感到羞愧，才会这样的。等我把国马牵来，让国马劝劝它就好了。"等到国马奔来后，它用鼻子亲近骏马，和骏马同槽共食，果然，还不到一个时辰，骏马的状态就恢复如初了。

这则故事中虽然没有什么感天动地的精彩情节，但它却揭示了天地间万物不可缺少的品德，那就是宽容。宽容，也就是要原谅他人一时的过错，不斤斤计较，不耿耿于怀，心平气和地做个心胸宽阔的人。寓言中那匹被咬的国马是理智的，因为它选择了大度与宽容，两匹马才会和好如初。试想一下，倘若当时两匹马互相攻击针锋相对，国马也以同样的方法还击骏马的话，那么最终两匹马除了头破血流、两败俱伤之外，还会有什么结果呢？

在现实生活中，宽容的力量就好比水的温柔，在彼此遇到矛盾时，它往往比满腔愤怒的报复更有效。宽容又好像一汩清泉，款款地稀释并冲刷掉彼此之间的仇视，使对峙的双方都能够冷静下来，平静地看待和处理原以为不可化解的矛盾。同时，给了别人宽容的人，也提升了自己，而得到别人宽容的人，也更加认清了自己。

宋朝范纯仁曾经说："我一生所学习的，只得到忠、恕两个字，一辈子也用不完。在朝廷上侍奉君主，接待同事和朋友，与同族的人和睦相处，一刻也没有离开这两个字。"他还告诫儿子和学生说："即使是最愚蠢的人，在指责别人时也总是清醒的；即使非常聪明的人，在宽恕自己的过错时也是糊涂的。你们应该经常用指责别人的心态来指责自己，用宽恕自己的心态来宽恕别人，这样就不用担心达不到圣贤的境地了。"还有一次，他的亲族中有一位子弟向他请教，范纯仁就对他说："只有俭朴能够助人廉洁，只有宽恕能够成就道德。"从那以后，这位子弟就把这句话书写在书桌的一角，并将其作为终身奉守的箴言。

俗话说"伴君如伴虎"，范纯仁由于向皇上上书请求赦免吕大防等人而冒犯了大臣章惇，随即被朝廷贬到随州任太守。在范纯仁来到随州将近一年的时候，他的双眼已经完全失明。于是，范纯仁又向皇上上表请求退休回老家安度晚年，没想到反而又遭到章惇的陷害，被贬到永州安家。在接到朝廷的指令后，范纯仁不恼不怒，而是心平气和地上路了。人们对此议论纷纷，有人说他这样做是为了让自己能够博得一个好名声，范纯仁听到这些话后，却感慨地说："我现在都已经 70 岁了，眼睛也已经失明了，难道你们认为被贬万里的苦楚，是我所希望的吗？只是我这点爱护君主的心情实在是无法克制啊！”

每当儿子们怨恨章惇时，范纯仁都厉声阻止他们。到了永州之后，范纯仁的儿子们希望能够以父亲与司马光意见不合为理由来请求朝廷赦免父亲，让他们回到老家去。然而范纯仁却说：“我启用司马光，并向朝廷推荐他做宰相，以及同他一起在朝廷上商讨朝政都可以，但如果像你们今天所说的这样翻旧账为自己解脱就不可以。对我来说，与其让自己抱愧而生，还不如让自己无愧而死。”于是，他的儿子们最终打消了这个想法。

范纯仁在永州的时候，每日亲自教儿子们读书，为了让他们能够学到东西，范纯仁常常监督到深夜。在永州的三年中，他依然像以前一样心平气和，自得其乐。即使有人对他蛮横无理，做出一般人无法忍受的事情，范纯仁也不为所动，更不会于事后怀恨在心。每当和客人交谈的时候，他也只是谈论圣贤和修身养性之事，至于其他的事他一句也不多说。因此，他的气色与外表越来越安详宁静，就好像当初在京城一样。

容忍，在某种程度上就是一种宽容。宽容既是一种雅量，也是一种风度，更是一种明智的大智慧，因为它不仅避免了与别人之间的直接冲突，而且也为自己换来了淡然与安宁，让自己有一个好的心态去面对生活，面对人生；宽容同时也是一种美德，它既是对别人的大度，也是对自己的恩赐！

告别狭隘之心，学会容忍，懂得宽容。面对成功者和胜利者，我们要以一颗平常心看待对方而不是嫉妒；面对飞黄腾达者，我们要以一颗平常心看待对方所遇到的机遇而不眼红；面对狂妄者和偏激者，我们也要以一颗平常心看待对方的自满而不争论……如此，才会使自己拥有一种平静从容的生活，才能使自己活得更轻松、更洒脱。

感恩他人，反省自身

阿江与好友阿哲、阿鲁一起外出旅行。三个人经过一处陡峭的山路时，阿鲁突然失足滑倒，眼看就要摔下万丈山崖。就在这危急时刻，阿哲一把抓住阿鲁的衣襟，用力将阿鲁拉了上来。为了记住阿哲对自己的救命之恩，阿鲁在路边一块大石头上刻下了这样一行字："某年某月某日，阿哲救了阿鲁一命。"

三个人继续向前走。在海边，因为一件小事，阿哲和阿鲁吵了起来。阿哲一时冲动，打了阿鲁一记耳光。阿鲁虽然很生气，却没有还手。他跑到沙滩上，在沙滩上写下了一行字："某年某月某日，阿哲打了阿鲁一个耳光。"

旅游结束后的一天，阿江问阿鲁："你把阿哲救你的事刻在石头上，而把他打你的事写在沙滩上，这是为什么呢？"阿鲁回答说："阿哲救了我的命，我要永远感谢并记住他对我的恩德，至于他打我的事，我想让它随着沙子的流动逐渐忘得一干二净。"

阿鲁能够正确对待恩德和怨恨，这一点是值得称道，也值得我们学习和借鉴的。但是，现实生活中，很多人的做法却与阿鲁大相径庭。现实生活中，有的人对别人给予自己的帮助缺乏足够的感激之心，认为是“应该”的；有的人得到别人的帮助不知道回报，或者只是一时感激，时过境迁便很快遗忘；还有些人甚至不辨是非，以怨报德……相反，在遇到自己的利益被别人不小心损害时，很多人却会牢记在心，甚至长期耿耿于怀。整天挂在嘴上，逢人便说者有之，以牙还牙、冤冤相报者有之，寻找机会进行报复者有之……

感恩，是一种美德。古人说，“滴水之恩当涌泉相报”。事实上，这句话所表达的不是一种现状，而是一种追求，虽然说真正达到这种境界的人并不是很多，但是，我们也不应放弃这种追求。因为记住别人对自己的好，以感恩的心态对待他人，以宽阔的胸襟回报社会，是一种利人利己、有益社会的行为。

民间有句教人加强道德修养、宽厚待人的处世良言是这样说的：“你帮别人快忘记，别人帮你要牢记。”现代社会，人们的交往面比过去大大拓宽，接触的人更多，人际关系更复杂，人与人之间的合作、矛盾、思想乃至利益的碰撞也更多，因而，更需要我们保持仁厚之心。

经济学家孙冶方和舞蹈家资华筠同为第五届全国政协委员，他们常有机会在一起开会。一天，孙冶方得知资华筠是著名学者陈翰笙的学生，就主动告诉她：“你的恩师也是我的引路人啊。我是在他的影响下，参加革命并且对经济问题产生兴趣的，所以我很感谢他。”后来，资华筠把这件事告诉了陈翰笙，陈老却回答不记得此事。资华筠认为老人年事已高，记不清楚了，嗔怪着说：“人家大经济学家称您是引路人，您倒把人家忘记了？！”不料，陈老十分认真地说：“我只努力记住自己做过的错事，怕重犯。至于做对的事情，那是自然的、应该的，又何必记得那么清楚。孙冶方选择的道路和成就，是他自己努力的结果，我是没什么功劳的。”

像陈老这种时时不忘责己之过而忘记施人之恩的行为，更是一种难得的美德。记住自己做过的错事，是吃一堑长一智，能够避免重蹈覆辙。一个人想要少犯错误，不断取得进步，就必须做到这一点。而对于自己所施予他人的恩惠，一般情况下，施恩者在有意无意之间都希望受益者给予回报，倘若受益者没有什么表示，施恩者往往会气恼不快。相比之下，像陈翰笙先生那样把自己施人之恩视为“自然的、应该的”，淡而忘之，不求回报的精神自然要超然很多。这种真诚、宽厚的胸怀，是一种更高、更深的境界。

人生在世，施恩不图报，受恩当回报，要多反思自己的不足，多感激别人的恩惠，少谈论别人的缺点，对矛盾不要老是耿耿于怀。如果能做到，人与人之间的摩擦就会减少许多，人际关系将更为融洽，生活也会更加温馨。正如法国启蒙思想家卢梭所说：“忍耐是痛苦的，但是，它的结果却是甜蜜的。”一个铭记着自己的引路人，念念不忘别人对自己的恩典，一个却不记得自己做过的好事，而只努力记住自己做过的错事。这两种情怀与境界，都是值得我们学习与推广的。

无论是做事还是做人，我们都要养成自我反省的好习惯。一个善于自我反省的人，往往能够发现自己的优点和缺点，并能够扬长避短，发挥自己的最大潜能；一个善于自我反省的人，会关注自身的不足，而不会去苛求他人；一个善于自我反省的人会记住别人的点滴恩惠，而不会在给予别人帮助后奢求回报；一个善于自我反省的人会忘掉别人对自己的不好，而不会持有仇必报之心对他人心怀芥蒂，甚至时刻寻找机会报复他人。事实上，只有善于自我反省，我们才会开心快乐，免除许多烦恼，而一个不善于自我反省的人，很容易会让自己陷入仇恨与痛苦的泥潭。

所以，不妨学会自我反省吧，试着让自己的人生在自我反省中变得更加完美，更加充实。让心中充满爱，充满感恩吧，一颗感恩的心，也一定是一颗充满快乐的心。

你无须追求完美

常言道“万事有得必有失”，得与失只在一瞬间。失去生机勃勃的春天，却能够得到硕果累累的金秋；失去青春岁月，却能使我们走进成熟的人生……失去，本是一种痛苦，但也是一种幸福，因为在失去一些东西的同时我们也获得了另外一些东西。人生不可能事事都如意，也不可能事事都完美。追求完美固然是一种积极的人生态度，但如果过分追求完美，不但得不偿失，反而会变得毫无完美可言。

追求完美是一种积极的人生态度，是人类自身在成长过程中的一种心理特点或者说一种天性。如果人只满足于现状，而失去了这种追求，可能生活就没有那么多的精彩。这也就是我们之所以对事物总要求尽善尽美，愿意付出很大的精力去把它做到极致的原因。

完美是一句极具诱惑力的口号，却也是一个漂亮的陷阱，人们常常已经无意识地陷入完美的泥潭，却以为这泥潭是席梦思软床。我们就是这样跌进完美自身所造成的误区里，只不过这种误区常常是以漂亮的面貌出现，以良好的状态作为引导，然后被日后的逞强、虚荣所代替，心理上渐渐地磨出了老茧，而自己浑然不知。

这是一个因追求完美而闹的笑话：一个男人来到一家婚姻介绍所，进了大门后，迎面见到两扇小门，一扇写着：美丽的，另一扇写着：不太美丽的。男人推开“美丽”的门，迎面又是两扇门，一扇写着“年轻”的，另一扇写着“不太年轻”的。男人推开“年轻”的门——这样一路走下去，男人先后推开九道门。当他来到最后一道门时，门上只出现了一行字：您追求得过于完美了，到天上去找吧。除了博人一笑，这个笑话也说明了一个道理：真正十全十美的人是找不到的，不要过分追求完美。

哈佛大学的伯恩斯教授曾经做过这样一项调查，他向150名每年收入1万～15万美元的推销员提出一系列问题，结果发现，他们之中约有40%是属于追求完美的人。不难想象，这40%的人所受的压力，比其余那些不追求完美的人要大得多。由于这40%的“追求完美的人”强迫自己勉力达到不可能的目标，并且完全用成就来衡量自己的价值，结果，他们开始变得极度害怕失败。他们感到自己不断受到鞭策，同时又对自己的成就不满意。事实证明，强逼自己追求完美不但有碍健康，还会引起像沮丧、焦虑、紧张等情绪不安的症状，而且自己的工作效果、人际关系、自尊心等方面都会受到不利影响。这些追求完美的人在生活中显然较常感到焦虑和沮丧，可是没有任何证据显示他们的收入比其余的人高。实际上，太过追求完美的人由于经常遭遇到挫折和压力，因此可能会降低他们的创作能力和工作效果。

这种结果与他们以一种不正确和不合逻辑的态度看人生有密切关系。追求完美的人最普遍的错误想法，就是完全否定了不完美的价值。譬如说，一个每科成绩取得甲等的学生，由于在一次考试中有一科拿了乙等成绩，因而大感沮丧，认为那就是失败。这类想法引致追求完美的人害怕犯错，而且一旦犯错后又做出过分的反应。

他们的另一个误解是相信错误会一再重复，会认为“我永远都不能把这件事做对”。追求完美的人想的不是能从错误中学到什么，而只是自怨自艾，说些绝不再犯这类的话。这种自责态度反而会加重他们的心理负担，使他们重复犯同样的错误。

久而久之，就自然会形成这样一种情景：如果一件事情没有让他们满意，那么必定是吃不好，也睡不好，总觉得心里有个疙瘩，很不舒服。凡事皆有度，就像水到了100℃就会沸腾，低于0℃就会结冰一样。追求完美超过了一定的度，就会变得不完美，所以实在没有必要刻意地去强求它。

过分追求完美是一种强迫症心理，这种人对自己要求严格，同时又有些墨守成规。他们谨小慎微，因为过分重视事物的细节而忽视全局；优柔寡断，面临意外而不知所措。由于行为表现过度认真、拘谨和执拗，缺少灵活性，也由于过度关注自我、自律和刻板，因此他们长期处于紧张和焦虑状态，很少有自由悠闲的心境，缺乏随遇而安的潇洒。

曾经有名学生列出了追求完美的好处和弊端。一个好处是：“这样做有时会得到优秀成绩。”其弊端是：“第一，它令我神经非常紧张，甚至有时取得的成绩在普通之下；第二，我往往不愿冒险犯错，而那些错误却是创作过程中必然会发生的；第三，我不敢尝试新的东西；第四，我对自己诸多苛求，令生活失去了乐趣；第五，由于总是发现有些东西未臻完美，因此我根本不能松弛下来；第六，我变得不能容忍别人，结果别人认为我是个吹毛求疵者。”根据这个利弊分析，她得到了一个结论，那就是如果放弃追求完美，生活可能会更有意义和更有成就。

做事情过于追求完美，就近乎吹毛求疵。为了从99.9%跨越到理想中的100%，往往要为最终的那0.1%付出多出正常标准很多倍的时间、精力等资源。但是我们都知道，为了那0.1%付出和前面根本不成比例的资源，是得不偿失的，那么我们又何必刻意地去强求它呢？

假如你的目标切合实际，那么通常你的心情便会较为轻松，行事也较有信心，自然而然便会感到更有创作力和更有工作成效。我们提倡放弃追求完美，并不是在鼓吹放弃努力奋斗，不过，事实上你也许会发现，在你不是追求出类拔萃的成就而只是希望有确实良好的表现时，反而可能会获得一些更好的成绩。

你也可以用反躬自问的方式来抗拒追求完美的思想，例如，你可以时常反问自己："我从错误中可以学到什么？"你可以做个实验，想想你犯过的一项错误，然后把从中得到的教训详列出来。这样你就可以知道，你从错误中学到了什么。

千万别放弃犯错的权利，否则你便会失去学习新事物以及在人生道路上前进的能力。要牢记，追求完美心理的背后隐藏着恐惧。虽然追求完美可以让你远离失败和受人批评的危险。不过，你同时会失去进步、冒险和充分享受人生的机会。

说来奇怪，敢于面对恐惧和保留犯错误权利的人，往往生活得更快乐和更有成就。最后，我们应该清楚的是，这世上没有十全十美的事物，要保持一颗平常心并知足常乐，才是完美的心境。

在该仇恨的时候选择宽恕

她芳龄 28 岁，年纪轻轻的她已经凭借自己出色的医术成了这家医院有名的主任医师。然而，就算事业上取得再辉煌的业绩，也无法弥补她心灵上的创伤和婚姻上的不幸。

在她的右脸上有一道长长的疤痕，这就是导致她至今未婚的原因。

医生的职责是救死扶伤，可是作为这家医院里医德和医术口碑都非常不错的她，在面对眼前躺在病床上的这个病人时，却开始犹豫了。

是她！竟然是她！躺在病床上的这张脸让年轻的女医生这辈子也忘不了……

在女医生上小学三年级时，班里新分了座位，她换了一个新同桌。她的新同桌有些蛮横无理，两人总会时不时地发生一些小矛盾。有一次，同桌不由分说抢过她爸爸在外地为她带回来的一支新钢笔，这让她很气愤，便伸出手来去抢，两人扭打在一起，同桌在情急之下用一个刀片划向她的脸，留下了一道带着鲜血的口子，虽然不算深，但很长。她吓得大哭起来，却不敢用同样的方式报复同桌。泪眼汪汪的她，再次狠狠地看了同桌一眼，她清楚地看到同桌的嘴角边有一块痣，她永远都忘不了。

从那以后，同学们总是拿那道丑陋的伤疤作笑料来嘲笑她，她只有不懈地刻苦学习，以优异的成绩来弥补内心所受到的伤害和自卑……

等女医生从回忆中回过神来再次看着眼前这个痛苦呻吟的病人时，病人脸上的那颗痣让她感到自己的心都在颤抖，是的，这个病人不是别人，正是她当年的同桌！同桌是由于遭遇了车祸而被送进医院的，女医生复仇的机会来了，只要她在同桌脸上的伤口处把刀开得偏一点儿，那么同桌的脸上也同样会出现一道丑陋的伤疤。“复仇”本是人的本性，而这又是一次多么好的复仇机会啊……她手里拿着手术刀，眼睛看着病人稍微迟疑了一会儿，经过激烈的心理斗争，最终，她做出了决定：在“公”与“私”面前，她选择了“公”，在“有仇必报”和“救死扶伤”面前，她选择了“救死扶伤”。一如往常那样，她的手术做得非常成功，并且她也在心里原谅了同桌。

女医生是值得敬佩的，她以德报怨的行为不仅使她宽恕了别人，同时也解开了自己多年来埋藏在心底的仇恨的枷锁。宽容不是一种风度，而是一种人格的体现，拥有一颗宽容之心，才能化解心底那冰冷的仇恨，才能让自己活得更坦荡。

“水至清则无鱼，人至察则无徒”，在我们的生活中，当别人无意之中犯下错误时，我们应该原谅对方。但宽容不是怯懦，适当的宽容可以化解与别人之间不必要的矛盾，也可以减少自己心中渐渐膨胀的仇恨。过分的宽容就会成为纵容，只会助长犯错者的嚣张气焰。

古希腊神话中有一个力大无比的大力神，名字叫海格力斯。有一天，当他走在崎岖的山路上的时候，突然发现前方有一个袋子。海格力斯觉得这个袋子碍着了他的去路，便用力踢了一脚，想要把它从自己所走的路上踢开。没想到这个袋子非常结实，不但没有被踢开，反而还膨胀起来，越鼓越大。海格力斯不禁有些恼怒，他从路边捡起一根木棒就朝着这个鼓起的大袋子猛力砸去，然而那个袋子不但没有破，反而还膨胀到把海格力斯要走的路都给封住了。

就在海格力斯怒不可遏的时候，从大山之中走出来一位老者。老者慈眉善目，他笑呵呵地对着海格力斯说："孩子，快别再理会它了。离它远点吧！它叫仇恨袋，如果你不再和它斗气，忘了它，那么它自然就会慢慢恢复当初的样子的。如果你继续和它斗下去的话，那它就会越膨胀越大，与你敌对到底，最后成为你前进路上的障碍。"

我们每一个人在生活中、工作中都难免会与别人产生摩擦、争执甚至是仇恨，但一定要记得在自己的心中多揣上一份宽容上路。这样我们就可以用心中的宽容化解一些不快，从而跨越前进路上的一些障碍，顺利前行，直至到达成功的彼岸。

第八章

眼界——视野越开阔，走得越远

别让优柔寡断绊住你

歌德曾经说过，迟疑不决的人，永远找不到最好的答案。因为，机遇会在你犹豫的片刻丢失掉。人在面临选择时，如果总是犹豫不决，最终只能坐失良机。当事情紧迫时，必须果断地做出自己的选择，别让优柔寡断阻碍了你成功的脚步。

犹豫不决是机遇和成功的大敌，一个优柔寡断的人，很难有大作为。当选择太多或局面混乱时，果断就是人生成功的必要武器。

一头驴在两垛青草之间徘徊，想吃一垛青草时，却发现另一垛青草更嫩更富有营养，于是，驴子来回奔波，想要选择一堆更好的青草，这时从远处来了一群山羊，它们见到这两垛草就跟疯了似的一哄而上，吃了个肚圆，驴子却没吃上一根。驴子没有吃到草，是因为没有草吗？不是，草足够它吃饱的，可它确确实实挨饿了。这是因为它把全部的精力都花在考虑该吃哪一垛草上，在犹豫之间被一群羊抢占了先机。

也许有人认为，人比驴子聪明多了，不会犯驴子一样的错误。果真如此吗？有一个大学生毕业后，既想找一份好的工作，早点挣钱；

又想考研，继续深造。他在考研和找工作之间徘徊了很久，把自己搞得疲惫不堪。结果既没找到理想的工作，考研也失败了。后来，他一门心思扑在考研上，把找工作的事情抛在一边，终于考上了一所著名的大学。

面对一些难以取舍的问题时，慎重考虑当然是必要的，但是不能犹豫不决。一个人的精力和才智是有限的，犹豫徘徊，患得患失，或者求全责备，结果只会浪费生命。

拿破仑说过：“战争的艺术就是在某一点上集中最大优势兵力。”而生活的艺术就是选择一个进攻的突破口，然后全力以赴去冲击。如果能在纷繁混乱的目标中，当机立断，尽快选择一个目标，并为实现目标而不懈地奋斗，成功就触手可及了，如果犹豫难断，结果就可能一塌糊涂。

项羽入关之前屯兵新丰鸿门，刘邦屯兵霸上，双方相距不远，谋士范增劝说项羽速攻刘邦，而项羽却踌躇不决。恰好此时曹无伤向项羽告密：“沛公欲王关中，使子婴为相，珍宝尽有之。”项羽闻言大怒，当即发誓次日便要消灭刘邦。然而就在这剑拔弩张的紧急时刻，被刘邦收买过的项伯，仅用三言两语，就打消了项羽要“击破沛公军”的念头，而且还同意刘邦前来谢罪。

鸿门宴上，范增屡次示意项羽让他杀掉刘邦，可是项羽总因下不了决心而“默默不应”，使得刘邦躲过了第一难。待后来范增招来项庄，企图让项庄趁舞剑之机刺死刘邦，可由于项伯乘机涉足其中，暗中保护刘邦，项庄又每每不能得手，范增的计划因此再度落空，刘邦又躲过了第二难。项庄舞剑失败以后，宴会上的气氛依旧十分紧张，就在刘邦欲走不能走、想留不敢留，极其矛盾之时，刘邦的忠臣樊哙闯进来，将项羽大骂一通，不料项羽这次非但没有发怒，反而称樊哙为壮士，对其赐酒赐肉，礼待有加，使得后来刘邦在樊哙等人的保护下金蝉脱壳，逃之夭夭。正是项羽的犹豫不决使他失去了除掉心腹大患的绝佳机会。

项羽一次次的犹豫，将自己赶进了一个死胡同，最后兵败如山倒，可见迟疑不决是多么可怕的一种心态。

不仅要看得见，还要看得远

“站得高，才能看得远。”这句话告诉我们：站在高处、视野开阔、前面没有遮挡，就能看到过去看不到的远方。“眼界决定命运”，死守在枯井中，你的人生也会毫无起色。如果想让自己的明天更加灿烂光明，就要走出巴掌大的地方，将自己的眼光放得更加长远一些。

有人曾说：“思想决定了一个人的生活方式和习惯”，同样，眼界也决定了一个人的境界。只有从自己的世界里走出来，才能打开眼界，拓宽思想格局；否则，只能一直沉溺在自己的世界中，随着时间的不断流逝，必然会逐渐变得自负。

生活在井底的青蛙觉得天空只有井口般大小，没有别人口中说的那样广阔、那么让人艳羡。但如果有一天，它从井口跳出来，定然可以发现天并不是自己想象的那么小，外面的世界要比它在井底看到的更加刺激、更有活力。

一条街上有一家新开的烧烤店，生意红火，每天晚上的客流量都很大，老板常常忙不过来。一段时间后，在那家烧烤店的旁边又多出好几家烧烤店，很快这里就变成了烧烤一条街，每天晚上都有几家烧烤店能够开到凌晨三四点。就在很多人都张罗着要在这条街上继续开烧烤店的时候，有一个人没有跟风，他在烧烤店的旁边开了一家冷饮店。不出意外，吃烧烤的人都会来到他的冷饮店买冷饮喝，他的冷饮店生意比周围的烧烤生意好了太多。原因何在？因为这个人眼界够宽！看得比其他人远！

在职场中，也是同样道理。没有长远的眼光，不懂得投资去学习一些新知识，就会逐渐落后于在业余时间对自身有投资的人，几年之后两者的差距会逐渐拉大。

只要细心观察就会发现，大多数人只是长着眼睛而已，而成功者大多具备长远的眼光。如果想让自己的眼界变得更宽，必须及时走出困住自己的枯井。不走出来，思想就只能在原地踏步，格局也不会变得广阔；走出来，才能提高自己的人生思想高度。

1983年陈俊大学毕业，凭借自己的专业优势，顺利考上了教师。可是，在十年后，他却放弃了这个令人称羡不已的“铁饭碗”，自费到莫斯科留学。

有人说，陈俊是在用自己的青春赌明天。可是，陈俊却不是这样想的。他觉得，自己过去从事的教育行业和社会联系不大，出国留学，可以获得开阔的视野，能够换换脑筋，为创业做准备。

陈俊破釜沉舟、毫不犹豫，展示了他独到的眼光与格局，才有了今天的“草根商人”。留学回国后，陈俊在北京开始了自己的新事业起点。他之所以要在北京拼事业版图，主要是因为，北京是首都，是中国的政治文化中心，机会更多，更利于发展。陈俊先后做过职员、记者，但这些都不是他的“终点”，只为他积累了一定的社会资源。

经过多年的努力，陈俊在2000年组建自己的策划公司。凭借自己的商界和媒体等社会资源，成功策划了众多投资案例，如今已经成为企业策划界的领导者。

陈俊认为，“只有鸟儿飞不到的地方，没有浙江商人走不到的地方。”从辞职到留学再到创业，虽然充满了艰辛，但陈俊却一点儿都不后悔。

人生就像是一个精彩纷呈的舞台，一直死守于枯井中，你的人生也就没什么起色，因为你的世界只有一口井那么大。如果想让自己未来的舞台变得更加绚丽，就要打破安于现状的心态，把眼光放得长远一点。不要害怕风险，有风险才会有机遇，而只有当机遇来临的时候才有成功的可能。

“江海不与坎井争其清，雷霆不与鸟雀争其声。”眼界的大小决定了一个人成就的大小：将目光集中在打工者的角色上，永远成不了老板；不将眼光放长远，即使能力再强，也只能平淡过一生。

你的眼界决定了你未来的事业，要不断拓宽视野，拓展自己的人脉，走出自己固定的生活小圈子，丰富自己的知识与阅历。只有眼界开阔了、视野也开阔了，才能给自己的事业带来更大的发展空间。

一个人可以没有事业，但不能没有前瞻性眼光。只有比别人早领悟到二三年甚至十年或二十年之后社会的发展与变化，并且先知先觉，才能抢先一步获得先机。

常言道：“走一步看十步。”人生就是一场战役，特别是对于年轻人来说，前瞻性眼光更关键。在人生这场战役打响之前，如果没有给自己制定好战略，成功的可能性就很小。而拥有前瞻性眼光的人，才能成为手握真理的少数人，才能成为发掘趋势性行业的先行者。

面对未知的未来，没人能够准确把握，但是一定要记住：只要把握住，就能成功。不能说洞察一切，只要能对未来有敏锐的感觉和预见，就能一步步走向成功。

成功是要专注于你选择的职业

每个人都想成就一番事业，实现人生的价值。然而，通向成功的道路往往并不平坦，影响成功的因素复杂多样。现实生活中常常会看到这样的情形：有的人对学业、工作、事业专心致志，不懈努力，不受外界诱惑的干扰，扎扎实实地向着既定目标迈进，最终获得了成功；而有的人却耐不住寂寞，经不起诱惑，好高骛远，见异思迁，对学业、工作、事业缺乏一种执着精神，结果是一事无成。无数事实说明，专注是走向成功的一个重要因素。

记得有一年春晚，冯巩和朱军表演了一个节目，冯巩说了一句台词："我就要在相声界让人觉得我导演导得最好，我就要在导演界让人觉得我编剧编得最棒，我就要在编剧界让人觉得我相声说得最好……这年头就得玩个综合实力。"诚然，这只是一个笑料，但是在现实中，确实是有很多这样的人。什么都想做，到头来，只能是一事无成。

海尔集团总裁张瑞敏曾说，如果让一个日本员工每天擦 6 遍桌子，他一定会一丝不苟地每天擦 6 遍；而我们中国员工第一天会擦 6 遍，第二天也会擦 6 遍，可是第三天就会擦 5 遍，第四天可能只擦 4 遍，这就是为什么我们的企业引进了许多一流的设备，而产品质量却达不到原装水平的原因。无论做什么事，都要做到永远专注于自己的工作，坚持做到精益求精。只有这样的人，才能在平凡的岗位做出不平凡的成绩。

人一生的时间、精力有限。要让有限的时间、精力造就人生最大的成功，就必须做到以下两点：

一、专心致志，要挑选对成功价值最大的事情去做。

二、选择自己的目标，踏踏实实地去做，不要被别人的成功晃花眼睛而争一时之长短，计一时之荣辱，更不要被眼前的蝇头小利所迷惑。

这里最重要的是确定自己的目标，其次是坚持不懈。一般的规律是，越是巨大的成功，越是伟大的事业，需要付出的努力与牺牲也就越大。

19 世纪德国有位著名画家叫门采尔，他勤奋刻苦，一生中不停地作画，同一个素描就画了上千张，速写也有上万张，而且创作上极其认真，有的作品从构思到完成，竟用了几年的时间。正因为这样，他在画坛上很有威望，他的作品一上市，很快就被抢购一空。

当时有个青年画家，有着很高的绘画天赋，他画得很快，并以此向人夸耀，然而他的作品却很少有人购买。为此，他很苦恼。一日，这个青年专门去拜访门采尔，求教销售画作的秘诀。青年抱怨说："先生，我一天能画一幅画，可卖就难了，有时一幅画要用一年的时间才能卖出去。"

门采尔听完就笑了，他对年轻人说："小伙子，你不妨倒过来试一试。用一年的时间好好画一张画，那么你一天就能卖掉它。"

这个简单的道理或许我们都懂，只是还没有意识到这对成功有多么重要。曾认识一位作曲朋友，他坦言，作曲太简单了，一个晚上可以写好几首歌。我就问，有让别人记住的旋律没有，朋友哑然。虽然他对音乐很热爱，但是却没有在任何一首作品上专注，没有踏实地钻研下去，而只是浮于表面。试想，那样的作品又怎么会有生命力呢？

下面的几个小故事，或许会给你一些启示。

牛顿一生中绝大部分时间是在实验室度过的。每次做实验时，牛顿总是通宵达旦，注意力非常集中，有时一连几个星期都在实验室工作，不分白天和黑夜，直到把实验做完为止。

有一天，他请一个朋友吃饭。朋友来了，牛顿还在实验室里工作。朋友等了很长时间，肚子很饿，还不见牛顿从实验室里出来，于是就自己到餐厅里把煮好的鸡吃了。

过了一会儿，牛顿出来了，他看到碗里有很多鸡骨头，不觉惊奇地说："原来我已经吃过饭了。"于是，他又回到实验室继续工作。牛顿将注意力高度集中到了做实验上，竟然会不记得自己有没有吃过饭。正是这种高度集中的注意力，使牛顿在科学领域取得了丰硕的成果。

著名物理学家李政道博士年轻时，没有静心读书的环境，他就在人声鼎沸的茶馆里找一个角落读书。开始，嘈杂的人声使他头昏目眩，但他强迫自己把思想集中在书本上。经过磨炼，再乱的环境也不能把他从书本上拉开了。

法国著名作家巴尔扎克年轻的时候，曾经营出版、印刷业，但由于经营不善，他的企业破产了，并欠下了巨额债务。债权人经常半夜来敲他的家门，警察局发出通缉令，要拘禁他。那时的巴尔扎克居无定所，后来实在没有办法，在一个晚上，他偷偷地搬进了巴黎贫民区卜西尼亚街的一间小屋里。

他隐姓埋名，躲进这间不为人所知的小屋子里。周围的难民根本没有注意到这位有些落魄，却踌躇满志的年轻人，他终于从原先浮躁不安的心境中平静下来。他坐在书桌前，认真地反思着，多年以来，自己一直游移不定，今天想做做这个，明天又想改行做别的，始终没有集中精力来专注自己最喜欢的文学创作。想着想着他顿悟了，蓦地站起来，从储物柜里找出拿破仑的小雕像，放在书架上，并贴了一张纸条："彼以剑锋创其始者，我将以笔锋竟其业。"巴尔扎克也真的做到了，他用他的笔征服了全世界。

成功不在于做许多事情，而在于专注最重要的事情。很多成功人士的秘诀就是把全部的精力集中到某一事业中去，以一往无前的精神去努力。一位哲人曾说："与其花许多时间和精力去凿许多浅井，不如花同样的时间和精力去凿一口深井。"我们应该做的，是选择一个方向，用心去钻研。

做人要顺应当下，顺畅前行

百鸟鸣叫的清晨，佛陀带领五百弟子，由舍卫城缓缓地往摩竭国行进，一路上肃穆庄严的队伍，吸引了大批前来顶礼膜拜的百姓。

临近中午时刻，佛陀就和这五百弟子一起在摩竭国界边缘的一片树林里歇息用斋。

饭后，佛陀对众弟子说："所谓'凡事必有因'，此次我带领你们来到摩竭国，主要是使摩竭国人修布施供养之法，并向邻国——迦师那国传扬佛法的义理。

"迦师那国因地处偏远，百姓缺乏教化，民风尚未开化，人民性情狂野、蛮不讲理，而且国内行恶之人甚多，搏斗争执之事时有发生，百姓刚烈凶狠，更是远近皆知。

"但是，我佛慈悲，无论世上如何难以教化的人民都要度化，而且人性本善，人生来皆具有佛性，都能因听闻佛法而得到开悟、得到解脱。众生皆平等，因此将我的教法传入迦师那国也是天经地义的事。你们之中有谁愿意去迦师那国传布正法，教化其人民吗？"

众弟子听闻佛祖这样说，个个都摩拳擦掌，心中都充满了自信，他们皆想：“我们早已经是四大皆空的佛家弟子，早已断尽三界见思惑，如今只要拿出从前除灭贪嗔痴的智慧与勇气，那么这世上还有什么是行不通、做不到的？相信一定能令迦师那国人信受佛法！”

这时，佛陀弟子中的摩诃目犍连尊者首先站了起来，他走到佛陀的面前，恭敬地对佛陀：“我佛慈悲，弟子愿意前往迦师那国度化当地的人民。”佛陀点点头，表示赞许。

经过一整天的辛苦奔波，目犍连尊者终于来到了迦师那国的领地，但当他一踏进城门，就惊骇地发现有一位妇人手举菜刀一边挥舞，一边追着一个怀里抱着一只鸡的男人，接着他又看到两个血气方刚的少年口吐秽言，拳脚相加。

目犍连尊者每往前走一步，都仿佛离地狱更近一步，这里的百姓果真像佛陀讲的那样残暴、凶狠，甚至比佛陀所描述的有过之而无不及。但他毕竟是在佛陀座下修行多年的人，很快平静下来。

迦师那国的人从来没有见过僧众，看到目犍连尊者出现都十分诧异，一个个停止争斗，竞相议论起来：“你看那个人，真是奇怪，剃着光头，还穿着这么破旧奇怪的衣服。”

“真不知是哪里来的疯子。”

目犍连尊者见大家都好奇地议论自己，于是开口规劝众人说：“你们这样刚愎粗野的行为是愚蠢的，假如现在你们不赶快改掉这种恶性，那么将来你们必定在三恶道中受苦，赶快止恶行善，广结善缘吧！佛陀曾说……”

哪知，还没等目犍连尊者把话说完，迦师那国的人民就愤怒地冲他喊道：“你这个不知死活的家伙从哪里来的？竟敢教训起我们来了，你还没有这个资格，赶快滚，要不然我们就揍死你！”说完，人们就把尊者轰出城外。

目犍连尊者生平第一次被人轰了出来，他实在想不通到底是哪里出了问题，于是便一路思索着回到了佛陀和其他弟子歇息的树林里。

这时，五百弟子中被尊称为智慧第一的舍利弗尊者遇见了他，便迎上前问道：“目犍连，为何这么快就回来了？迦师那国的人们可和蔼友善？”

目犍连尊者连连摇头，说：“唉，真是惭愧，我竟被他们撵了出来。”

接下来佛陀的五百弟子都一一前往度化伽师那国人民，然而他们的结局也和目犍连尊者一样，都被羞辱一番，无功而返。

众人无奈地看着佛陀，都不知该如何是好，佛陀依然慈悲安详地让众人不要烦忧，然后派遣了大菩萨中智慧第一的文殊师利菩萨前往迦师那国度化当地的人民。

与其他五百弟子不同，文殊师利菩萨没有一进入迦师那国便急着宣扬佛法、布施民众，而是每见到迦师那国的人民都称赞道：“贤者，你们的作为真令人感到欢欣喜悦。”

接下来，他又去见了国王，并向国王称赞他的每一个子民说：“陛下，住在东海的渔夫工作勤奋、孝顺父母；守在西城的门卫尽忠职守、不辞辛劳；贵国北方的打铁匠智慧与胆识兼具，总能为人们平息争执，消弭烦恼……陛下呀！这一定是您的德政彰显，才使得人民如此纯朴善良。”

听了文殊师利菩萨的这番话，迦师那国的国王和百姓都开心不已，人们对文殊师利菩萨的软言慰语很受用，纷纷称赞他的见识，原来残暴凶恶的人都说：“这位菩萨真是太了不起了，居然能这么贴切地说出我的义举，这么精准地看出我的优点。”

在文殊师利菩萨的教化下，该国人民开始渐渐地颂扬佛法，不再整日作恶，而是变得友爱和善，终于达成了佛陀此前的心愿。

常言说得好：“上了哪个坡，就唱哪个歌。”凡事应该看眼前的情况，懂得眼前应该学什么、懂得应该做什么，而不是一味地遵从过往的经验，不根据实际情况做出判定，否则很可能会遭遇失败。

要将你的理想付诸行动

理想是每个人对未来有可能实现的奋斗目标的向往和追求。理想中的奋斗目标是人积极向往和追求的对象，它体现着个人的愿望，并且是指向未来的。它是以对客观规律的认识为基础，是符合客观规律并且可以实现的。

从前有一个读书人，虽然读过书，但是学问并不高，而且他什么也不会干，只能依靠祖上留下的一点微薄家产生活。他整天好吃懒做，老是希望不用辛苦地劳动，就能成为一个富翁。许多人都劝他，不要想着成为一个有钱人，而是应该寻找一个能够挣钱的方法，通过自己的辛勤劳动来获得财富。可是，他不但不听劝告，还说别人多管闲事。

渐渐地，这个读书人坐吃山空，花光了家产，到最后他身边仅剩下一只瓦瓮了。尽管这样，他依然每天幻想着能够过上有钱人的生活，并且把瓦瓮当作宝贝。他白天把瓮藏起来，晚上拿出来，抱在手上不肯放手，唯恐有人来抢似的。

一个晚上，窗外北风呼啸，摇得门窗“吱吱”直响，天气非常寒冷。

读书人冻得缩成一团，怎么也睡不着。于是，他又开始做起他的美梦来，他便向老天祈求：老天爷，让我成为一个富翁吧！到那时候，我将有很多的钱财，我要用钱财购买一大片田庄，然后又建造起大片富丽堂皇的住宅，每天吃着山珍海味，穿着绫罗绸缎。这样，我就会成为远近闻名的贵族。我还要在府上养许许多多美丽的女子，她们个个都能歌善舞，每天为我轻歌曼舞。我还要娶许多漂亮多情的妻子，我们有高大的马车，马车上有巨大的华丽的车盖，我同美丽动人的妻子坐在高贵的马车上到处游览名胜古迹……反正，只要富贵人家所有的，我全都要拥有。

这个读书人越想越高兴，简直就像身在其中，不知不觉中竟手舞足蹈起来，得意忘形之下，他一脚将他那唯一的宝贝——瓦瓮给蹬破了……

成千上万的人都拥有雄心壮志，为什么很多人没有如愿以偿，以至于长期在温饱线上挣扎？主要原因是大多数人一直在拖延行动。他们并不是不想行动，只是想过一段时间再开始，这样一晃，就是一生。

杰米先生是个普通的年轻人，大约二十七八岁，有太太和小孩，收入并不多。他们全家住在一间小公寓里，夫妇两人都渴望有一套自己的新房子。有一天，当他签下个月的房租支票时，突然很不耐烦，因为房租跟新房子每月的分期付款差不多。

杰米跟太太说：“下个礼拜我们就去买一套新房子，你看怎样？”

太太问：“你怎么突然想到这个？开玩笑！我们哪有能力？可能连首付款都付不起！”

但是杰米已经下定决心：“跟我们一样想买一套新房子的夫妇大约有几十万，其中只有一半能如愿以偿，一定是什么事情使另一半打消了这个念头。我们一定要想办法买一套房子。”

第二个礼拜他们真的找到了一套两人都喜欢的房子，朴素大方又实用，首付款是 1200 美元。现在的问题是如何凑够 1200 美元了，他们知道无法从银行借到这笔钱，因为这样会损害他的信用，使他无法获得一项关于销售款项的抵押借款。

不过他没有放弃，依然在寻找解决方法。皇天不负有心人，他突然有了一个灵感，为什么不直接找承包商谈谈，向他私人贷款呢？他也真的这么做了。承包商起先很冷淡，但在杰米的一再坚持下终于同意了。他同意杰米把 1200 美元的借款按月交还，利息另外计算。现在杰米要做的是，每个月凑出 100 美元。夫妇两个想尽办法，一个月可以省下 25 美元，还有 75 美元要另外设法筹措。

这时杰米又想到另一个点子，第二天早上，他直接跟老板解释这件事，他的老板也很高兴他要买房子了。杰米说："先生，您看，为了买房子，我每个月要多赚 75 美元才行。我知道，当您认为我值得加薪时一定会加，可是我现在很想多赚一点钱。公司的某些事情可能在周末做更好，您能不能答应我在周末加班呢？有没有这个可能呢？"

老板对于他的诚恳和雄心非常感动，真的找出许多事情让他在周末工作 10 小时，杰米夫妇也因此得到了足够的钱，欢欢喜喜地搬进了新房子。

就像这位杰米先生一样，我们在实现理想的过程中可能会遇到许多困难，但是我们不能因为有困难而停止实现理想的行动。

做人不悲观、不强求

“草色人情相与闲，是非名利有无间”，豁达是一种宽大的气度，是一种坦然的心态。我们应当怀有一颗豁达之心，努力做到“不以物喜，不以己悲”。

在人生漫漫旅途中，我们会遇到各种各样让我们悲伤痛苦的事情，而在这时，拥有一种豁达的心态是至关重要的。豁达的心态能够让人从挫折的阴影中迅速走出，能够让人坦然地看待人生的失意。豁达是一种智慧，是一种人生更高的境界。豁达的人，心胸开阔能容天下物，能够使自己做到“宠辱不惊”，无论得失，都能坦然处之。

在一个三伏天，小和尚看到禅院的草地枯黄了一大片，很是难看，就跟师父说：“师父，我们在上面撒些草种子吧？”师父回答道：“等到天凉的时候吧！随时吧！”

中秋的时候，师父带回来一袋草种子，叫小和尚撒在院子里。这时刮过一阵秋风，很多种子都被吹飞了，小和尚喊道：“师父，种子被吹跑了。”师父说：“没关系，被吹跑的种子多半都是空的，种下也不会发芽，随性吧！”

种子撒完后，有几只小鸟飞过来啄食。小和尚又喊道：“师父，不好了，种子都被小鸟吃了。”师父接着说道：“没事，种子多吃不完的。随遇吧！”

等到半夜的时候，下了一场大雨，小和尚早上匆忙跑出去看，跟师父说道：“师父，好多种子都被雨水冲走了，怎么办啊？”师父淡然地说道：“冲到哪里就在哪里发芽，随缘吧！”一个星期之后，禅院原本光秃秃的地上长出了很多嫩芽，就连最初没有撒种子的地方也长出了嫩芽，小和尚兴奋得直拍手，师父坦然地说道：“随喜啊！”

顺其自然，把握机缘，不强求，不悲观，不惘然。生活不会没有一点缺憾，因此我们不应该去抱怨，更不应该悲观失望，而应当怀有一颗豁达的心，顺其自然。不要幻想生活中的每一天都会温暖如春，人生中难免坎坷和无奈。有时磨难是上天给予我们的另一种馈赠，它能磨炼我们的意志，让我们变得更加坚强。

在失意和受挫之时，让豁达之心引导我们迅速地从悲伤中走出来。风雨过后终究会见彩虹，就像今天的太阳落下去了，明天的太阳依旧会照样升起来，就像秋天的落叶洒满大地，春天又将焕发出勃勃生机。豁达是人生的一种洒脱，是对自己内心的一种解脱，是生活练就的一种成熟。

有一对夫妇在婚后12年喜得贵子，两人对这个小孩宠爱有加。小孩三岁的时候，有一天丈夫上班出门，看到桌上放了一瓶药，那瓶药打开了没有盖上。丈夫急着上班就大声地嘱咐妻子把药收好，妻子在厨房中忙得不行，很快就把丈夫的话给忘了。小孩看到那瓶开着口的药，很是新奇，又被药的颜色所吸引，就全吃完了。药的成分很厉害，小孩服用的又严重过量，等送到医院的时候，已经回天乏术。妻子很伤心，而且还觉得很是惭愧，不知道该怎么面对丈夫。丈夫匆忙赶到医院，听到噩耗，也非常难过，但他看到伤心的妻子只是安慰她，并没有责怪她。

不幸已经发生，对无力改变的事实，应当怎么去面对，关键在于我们的心态。不要去责怪，也不要去怨天尤人，事情不会因为你的悲愤而有所改变，而你的怨气只会让以后的生活更加痛苦。所以，坦然一点、豁达一点，放下过去，勇敢地活下去，让豁达的心态给未来的生活带来光明，这样你会发现事情并没有想象的那么糟。

普希金说过："阴郁的日子里需要镇定。"

当我们处于人生低谷时，不要逃避，不要悲观，豁达一点，坦然接受。豁达的心可以开拓出更广阔的人生天地，用豁达之心对待人生，就不会被名所累，被利所困，我们应当让自己的豁达心态来改变未来，而不是让外界的事物影响了自己的心情。

做一个不要锋芒太露的人

如果一个人锋芒毕露，定会遭到他人的嫉恨和排挤，这样的事例在现实生活中比比皆是。在整个自然界中，各种昆虫被人们视作最无能、最让人任意宰割的生命体。殊不知它们自有一套避凶趋吉的妙法，这就是它们的保护色和伪装术。比方说变色龙身体的颜色会随着环境的变化而改变；竹节虫爬附在树枝上如同竹节一般，以此来瞒过天敌的眼睛；枯叶蝶在遇到天敌时会装成枯黄的树叶，它的天敌怎么也不会想到自己苦苦寻找的美味竟然就是这枯黄的树叶，还有的动物遇危险时会装死以迷惑敌人。在人类的眼中，这些方法未免太低级了，可是正是这些看似无能且低级的方法使动物种群得以生存和繁衍。

中国古代，在皇帝跟前打转的王公大臣，可以说是伴君如伴虎，稍有疏忽，便有性命之忧，时时刻刻都战战兢兢、如履薄冰。在这样的生存环境下，大智若愚的人才能独善其身。商纣王在历史上是个有名的暴君，终日饮酒作乐，荒淫无度，不理朝政，竟然弄不清年月日，问左右的人也都说不清楚。纣王又派人问箕子，箕子是一个很精明的人，他得知这件事后，悄悄对自己的弟子说：“做天下的大王而使国家没有了日月概念，国家就危险了。而一国的人都不知道时日，独独只有我一人知，那我的性命就危险了。”于是箕子也假装酒醉，推说自己也不知道今天是几月几日，得以保存自己的性命。

智者告诫仁者说，一个聪明而富于洞察力的人身上会潜藏一些无法预知的危险，那是因为他喜欢批评别人。雄辩而学识渊博的人也同样会遭遇这样的境遇，因为他暴露了别人的缺点。所以，一个人还是有所节制为好，采取谨慎的处世态度，不可处处占上风。

世上的高人往往其貌不扬，由于不太抢眼，因此可以避人耳目，正所谓真人不露相，露相非真人；做人锋芒太露，就等于不打自招，一旦交起手来，就首先输掉了一半，实难收到突见奇功的效果。

但做人又不能不露锋芒。不露锋芒，总给人一种遮遮掩掩、躲躲藏藏的感觉，让人觉得此人极其虚伪。不可不露却又不能太露或乱露，那唯一的良策就是深藏不露。

这种深藏不露的处世智慧与西方张扬个性注重表现有所不同。西方教育注重“表现”，主张“有能力就要表现出来，有一手就要将其显露出来”，否则和没有能力没有什么差别。西方人不但好表现，到处表现，而且还要随时告诉别人自己究竟表现了哪些，甚至会随身携带一些可以佐证的物件，证明自己确实如此。

中国人当然也明白“表现”的道理，知道“老虎不发威，很容易被当作病猫”。不过我们更了解“虎落平阳被犬欺”的悲惨情境，在表现之前，先做好“等到达那里，先打听一下当地的情况，再做打算”的准备工作。因此二者之间本质的区别不在于表不表现，而在于如何去表现。前者是舍身哲学，主张能露就露，露完了就走，后者是守身哲学，主张先打听一下，看一看到底需要露到何种程度，然后再合理地显露。

能看得见小事，也能看清全局

总是眺望远方，而忽视了脚下的每一步；总是低头赶路，却忘记了远方，这两种人都无法走到成功的彼岸。成功人士都是这两种人的结合体，既能眺望远方，也不会忽视脚下。要想做一名成功的人，不仅要做好眼前的事，还要将自己的眼光放长远。

有这样一则寓言：

很久很久以前，有两个食不果腹的人走在路上。正当他们饿得快要走不动的时候，遇到了一位长者。

长者对他们说："前面有一片海，我刚从那里过来。我这里有一根渔竿和一篓鲜活的鱼，你们每个人可以选择一样，是要鱼，还是要渔竿？"

最后，一个人选择了渔篓，一个人选择了渔竿。得到了自己想要的之后，两个人分头走开。得到渔篓的人，找来很多干柴，点燃篝火，很快就享受到了一顿鱼味大餐，结果没过多长时间鱼吃完后就饿死了。同时，得到渔竿的人则一手拿着渔竿，一手捂着饿扁的肚子，迈着沉重的双腿向海边走去，可是还没到达海边，也饿死了。

这两个人，哪个人做得对？两个人都做错了！一个人只满足了自己的口食之欲，却忽视了未来的生活；另一个人则将自己的目光盯在远处的大海上，忽视了已经饿扁的肚皮。

只看一面的人，注定无法成功。做事的时候，不仅要有长远眼光、要看长远，同时还要走好坚实的每一步，因为只有看清脚下的路，才能一步一步地走向长远。既要抬头看天，也要低头看路，只有将两者紧密结合在一起，才能把事情做好。

如果想有所成就，就要学会洞察全局。要想成就大事，就要在生活中观察细节，洞察每一个角落。不论事情大与小，都要谨慎对待，遇到困难时，才能找到合适的突破口，才能看到成功的曙光。常言说“细节决定成败”，注重细节的人，不仅会认真工作，还能将每个细微环节都做好，也因此才能在细节中发现机会，才能踏实走向成功。

很多人都对“沃尔玛”耳熟能详，其实，它之所以会发展为如今的规模，靠的仅仅就是五个字——“价格与服务”。在价格方面，“沃尔玛”提出一美元的策略，希望自己能为顾客节省每一美元，“沃尔玛”在全球大量采购低廉产品，之后再卖给顾客；服务方面，“沃尔玛”要求员工必须露出八颗牙微笑服务，因为人们在笑得很灿烂的时候往往会露出八颗牙。

生活中，很多人经常会问：“如何才能取得成功？”其实，获得成功并不难，只要坚持下去即可。当今社会竞争激烈，不论是工作还是生活，从小事上也能透漏出巨大价值，从细节上也能发现成功的机会。

当然，在关注细节的时候，还要看清大局。如同下象棋一样，不能只看眼前这一步，还要对全局有所把握。智者都能从大事出发、小事着手。

一家广告公司招聘广告部主管，毕业于名牌大学的李某前来应聘。通过笔试，李某顺利进入面试环节，并且在面试前期表现良好。不论是学识，还是口才，他都很优秀，人事部主管对他很欣赏。可是，当李某将应聘简历交上来时，主管却皱了皱眉头，应聘结果也迟迟没有答复。

原来，早上下雨，李某的简历不小心被水浸湿，而且上面还有被硬物刮过的痕迹，显得不整洁。结果，李某没有被录取。李某问为什么，人事部主管说："连简历都保管不好，如何能管好一个部门？"

任何能够从全局角度审视问题的人都明白一个道理：连小事都做不好的人，是无法做好大事的，只有看得见小事的人，方能看得清全局。老子曰："天下难事，必作于易；天下大事，必作于细。"这句话精辟地说出了这个道理——想成大事、能成大事，一定要从最简单的事情做起，从细微的地方入手。

忽视小细节，对小事不屑一顾，必定也看不清全局，认识不到细节对于全局的重要性。懂得大事要从什么地方入手，才能干成一件大事。

任何事业的成功，都建立在做好小事的基础上，因此要成大事，不仅要抬头看看远方的大局，还要低头看看细节小事。

见识越广，眼界越开阔

中国有句俗语叫：“见多识广，博学多才！”一个人的未来是什么样子的，跟这个人的见识成正比。见识广，才能辨别好坏，才不会因为一件事情而局限自己的思想，才会对人性多一份了解，继而掌握人生的主动权。要想成功，就要不遗余力地提高自己的见识，正所谓“见识有多大，人生舞台就有多大”。

“心有多大，舞台就有多大！”是中央电视台的公益广告词，曾经惊艳了众人的视觉听觉。其之所以能打动人心，主要就是因为其中包含着一条牢不可破的真理——眼界的大小决定了人生道路的宽窄！

广博的见识，开阔的眼界，能够让你离成功更进一步。只有想不到，没有做不到的，对于人生来说，眼界的开阔与否有时候甚至还决定着事业的成功与失败。

贝霖是位眼界开阔的男孩，尽管年仅 15 岁，但凭借目光远阔，已经经营了三种生意，年收入超过 10 万美元。有人问及贝霖成功的原因，他回答说：“做生意与年龄没有什么关系，与本钱多少也没有根本联系，最重要的是要有智慧，要用智慧的眼光去看每件事，将事物中能够生财的支点找出来，这样就明白自己应该怎么做了。”

广博的见识，开阔的眼界，能够有效地拉近自己和成功的距离，让自己少走弯路。

周玉梅在一家公司做营销，一个偶然的机会，周玉梅到电视剧组中客串了一个角色。虽然没有表演基础，甚至从来没有进过片场，对拍戏是怎么回事根本就不了解，但是周玉梅心中却充满了好奇，有几分憧憬，有一些不安，有一些激动，有一些恐惧，还有一些神圣，心中就像是开了一家杂货店，五味杂陈。结果让她没想到的是演戏如此之难，即使是一句台词、一个动作、一个表情都需要反复斟酌，以至于她总是在其他演员的面前被导演斥责。

几年之后，周玉梅升为公司的市场开发部总管。后来，公司赞助了一部贺岁电影，由周玉梅负责与制片人接洽，于是她便与一位女明星渐渐熟悉起来。有一天，周玉梅跟这个女明星说起了自己过去的拍戏经历，对方问她：“为什么最后没有继续坚持？”周玉梅说：“我干不了这个，导演一点面子都不给，我受不了。”

女明星笑着说：“这很正常，虽然我从小演戏，在片场待了有 30 年，奖也拿了不少，现在在片场还是会被导演骂。戏没演好，挨骂是正常的，为了呈现最好的效果，导演反复说戏，多少会失去耐心。”

周玉梅感到很吃惊，没想到像她这样咖位的大明星也会被导演骂，便问：“那你受得了吗，你可是个有头有脸的大明星啊？”女明星说：“现在以我的名气，一般都不上小导演的戏，即使如此，导演也会卖我面子。我经常上大导演的戏，人家的腕儿比我还大，骂几句也很正常。”

女明星最后开玩笑说：“你之所以让导演给骂跑了，是因为你在片场待的时间太短，在片场混上几年，就见怪不怪了。在片场没有不被导演斥责的演员，就是一线明星也不例外。”

这个故事再一次告诉我们：不论做什么事情，见多识广都是成功的基础。从事一项工作，就要摸清行业门道，如此，才能适应工作，才能有正确的思路，心理素质才能提高，才会有面对挫折的勇气，才能想到解决问题的办法，才干才能够逐渐培养起来。

俗话说：“读万卷书，行万里路。”出门行走，到世界各地走走看看，也是开阔眼界的好方法。有了开阔的眼界，不仅会让你在做事的最开始就比别人起点高，还可以贯穿到做事的整个进程中。

2000 年，张彬彬手艺学成后，在家乡小镇上开了一家美发店。当时，小镇上类似的美发店很多，张彬彬的生意一直不温不火。后来有一次张彬彬到广州办事，心血来潮，想看看大城市的美发店都是什么样子。

考察之后张彬彬发现，那里的美发店与自己原来设想的不一样。他决定到各地多走走，去长长见识、取取经。之后，他走遍了北京、上海等地，对美发店有了一个全新的认识。回来之后，他为自己的美发店营造出了与众不同的风格，生意也逐渐火爆起来。

这就是行万里路的收获！

开阔眼界之后，能够将原本的平凡带入新的境界，同时，也能为自己开创新的天地。有句老话叫作“见钱眼开”，其实，掉个顺序才更合理——眼开见钱，眼界开阔才能看到更广阔的天地、赚到更多的钱。这里，奉劝各位一句：有空就多出门走走，多与朋友谈谈天，多观察，多思考，多阅读。“机遇只垂青有准备的头脑”，让自己“眼界大开”就是为自己做的最好准备。

图书在版编目（CIP）数据

气度决定格局 / 王辉著. -- 北京 : 台海出版社，2018.5

ISBN 978-7-5168-1890-9

Ⅰ. ①气… Ⅱ. ①王… Ⅲ. ①心理学—通俗读物
Ⅳ. ① B84-49

中国版本图书馆CIP数据核字（2018）第092449号

气度决定格局

著　　者：王　辉

责任编辑：俞滟荣　　曹任云　　装帧设计：末末美书

版式设计：末末美书　　责任印制：蔡　旭

出版发行：台海出版社

地　址：北京市东城区景山东街 20 号　邮政编码：100009

电　话：010 － 64041652（发行，邮购）

传　真：010 － 84045799（总编室）

网　址：www.taimeng.org.cn/thcbs/default.htm

E-mail：thcbs@126.com

经　销：全国各地新华书店

印　刷：天津中印联印务有限公司

本书如有破损、缺页、装订错误，请与本社联系调换

开　本：170mm×240mm　　1/16

字　数：185 千字　　印　张：15

版　次：2018 年 6 月第 1 版　　印　次：2018 年 6 月第 1 次印刷

书　号：ISBN 978-7-5168-1890-9

定　价：42.00 元